最新礼服纸样与裁剪实例

王威仪　汪来春　王式竹 ◎编著

化学工业出版社

·北京·

礼服属于典型的艺术和技术紧密结合的服装设计门类。平面裁剪与立体裁剪是礼服设计的两大形式。本书从平面裁剪和立体裁剪两大技术方法入手，力争将理论阐述与实际操作相统一，艺术造型与表现技法相协调，全面诠释与提升礼服的造型技术，为全面提高礼服动手制作能力、提升礼服设计创意创造能力搭建更好的支撑与平台。本书具有很强的科学性、艺术性、实战性和前瞻性。

全书以具有代表性的时尚和流行款式为例，选用数百张清晰图片，以大量礼服裁剪纸样实例，翔实讲解了礼服纸样与裁剪。本书内容丰富，图文并茂，直观生动，实用易学。

本书可供高等院校服装专业师生使用、服装企业设计人员、技术人员阅读，也可供广大服装爱好者学习和参考。

图书在版编目（CIP）数据

最新礼服纸样与裁剪实例/王威仪，汪来春，王式竹编著．—北京：化学工业出版社，2016.10（2022.2重印）
ISBN 978-7-122-27841-8

Ⅰ.①最⋯　Ⅱ.①王⋯②汪⋯③王⋯　Ⅲ.①纸样设计②服装量裁　Ⅳ.①TS941.2

中国版本图书馆 CIP 数据核字（2016）第 191714 号

责任编辑：朱　彤　　　　　　　　　　文字编辑：谢蓉蓉
责任校对：宋　玮　　　　　　　　　　装帧设计：韩　飞

出版发行：化学工业出版社（北京市东城区青年湖南街 13 号　邮政编码 100011）
印　　装：北京虎彩文化传播有限公司
787mm×1092mm　1/16　印张 11½　字数 288 千字　2022 年 2 月北京第 1 版第 8 次印刷

购书咨询：010-64518888　　　　　　售后服务：010-64518899
网　　址：http://www.cip.com.cn
凡购买本书，如有缺损质量问题，本社销售中心负责调换。

定　　价：**39.80 元**　　　　　　　　　　　　　版权所有　违者必究

▶ 前 言

礼服作为现代服装设计中特定的类别，属于典型的艺术和技术结合的设计门类。就礼服结构设计的方法而言，平面裁剪与立体裁剪是设计的两大形式，它们的内容与方法构成了礼服结构设计的完整理论与实践体系。本书从平面裁剪和立体裁剪（简称立裁）两大技术方法入手，力争做到理论阐述与示范操作相统一、艺术造型与表现技法相协调，全面诠释与提升礼服的造型技术，为有效提高动手能力与思维创造能力提供良好的空间与平台。

本书秉承理论与实践结合、艺术与技术结合、平面与立体结合的原则，具体编写内容如下：第一章介绍了礼服的分类，廓型、面料的特征对礼服结构设计的影响；第二章介绍了礼服结构设计基础知识，包括服装的专业语言、制图工具及制图符号和人体测量；第三章详细介绍了礼服用上装单省原型、双省原型、袖原型、裙原型、后片肩省消失的原理和方法及紧身胸衣的纸样设计；第四章通过礼服裙的版型变化及四款实例介绍了如何利用原型进行款式设计及变化，其目标是指导读者在使用原型这种平面纸样时，将其作为有效的、有能力实现其原始设计思想的一种方法；第五章通过立体裁剪的方法讲述了观察制作礼服的思考方法和基本技法，旨在通过结构设计引发创意思维。本书阐述的结构理论与实际案例，均在编著者实际工作中得到过应用。本书具有以下特点。

（1）平面裁剪部分，在对人体的结构进行分析的基础上，建立一套适合礼服结构设计的基础纸样，并对礼服用原型如何转化成礼服纸样的原理和方法进行实例分析。

（2）立体裁剪部分，对省、分割线、褶裥等立裁基础技法和原理结合实例进行了分步骤操作，尝试利用立体裁剪的方法引导设计者的思维走向，让立体裁剪的技术过程与设计创意同时存在，使立裁本身成为诱发新思路的过程。

本书特别感谢吴诗慧、薛倩雯同学在款式图绘制上的协助，且第一章选用的部分图片来自于网络（因为时间关系，无法与原创者一一联系），在此一并表示深深的谢意。

希望这本书对所有想了解礼服结构与制板的读者能有所帮助。由于水平有限且时间仓促，对书中的疏漏和欠妥之处，敬请广大读者予以批评指正。

编著者
2016 年 9 月

目 录

第一章　礼服概述 1

第一节　礼服的分类 1
　一、礼服的分类 1
　二、现代礼服的构成技术 3
第二节　礼服的廓型 4
　一、A 型 4
　二、X 型 5
　三、S 型 5
　四、钟型 5
　五、H 型 5
　六、V 型 7
　七、O 型 8
　八、美人鱼型 8
第三节　礼服的表现手法 9
　一、"加法"装饰 9
　二、缠绕 9
　三、拼接 9
　四、透视 10
　五、折叠 11
　六、重复 12
第四节　礼服用面料 12
　一、面料对服装风格的影响 12
　二、面料对服装造型的影响 13
　三、礼服用面料 15
　四、礼服用辅料 20

第二章　礼服结构设计基础知识 23

第一节　服装的专业语言 23
　一、平面裁剪 23
　二、立体裁剪 23
　三、号型 23

四、原型 ································ 24

五、纸样 ································ 24

六、样衣 ································ 24

七、经纱 ································ 25

八、纬纱 ································ 25

九、斜纱 ································ 25

十、省 ································ 25

十一、剪口 ································ 26

十二、缝份 ································ 26

第二节　制图工具及制图符号 ································ 27

一、服装纸样制图工具 ································ 27

二、服装纸样常见绘制符号 ································ 31

第三节　人体测量 ································ 32

一、测量方法 ································ 32

二、人体测量的基准点和基准线 ································ 32

三、纸样制图常用参考数据 ································ 33

第三章　礼服原型 ································ **35**

第一节　礼服用裙原型 ································ 36

一、裙原型的结构名称 ································ 37

二、裙原型的规格尺寸 ································ 37

三、裙原型的制图方法 ································ 39

四、裙原型完成图 ································ 45

第二节　礼服用双省道上装原型 ································ 45

一、礼服用双省道上装原型各部位名称 ································ 46

二、礼服用双省道上装原型的规格尺寸 ································ 46

三、礼服用双省道上装原型的制图方法 ································ 47

四、平面纸样的检验 ································ 57

五、坯布试样 ································ 58

第三节　礼服用单省道上装原型 ································ 59

一、礼服用单省道上装原型的规格尺寸 ································ 60

二、礼服用单省道上装原型的制图步骤 ································ 60

三、礼服用单省道上装原型完成图 ································ 63

第四节　后片肩省的消失 ································ 64

第五节　礼服用袖原型 ································ 66

一、礼服用袖原型各部位名称 ································ 67

二、礼服用袖原型的规格尺寸 ································ 67

三、礼服用袖原型的制图方法 ································ 69

第六节　紧身胸衣 ································ 72

一、紧身胸衣的规格尺寸 ································ 73

二、紧身胸衣的制图方法 ———————————————— 73

三、紧身胸衣的纸样完成图 ———————————————— 76

四、紧身胸衣的缝制 —————————————————————— 76

第四章　礼服纸样设计实例 ————————————————— **77**

第一节　礼服裙的版型变化 ————————————————— 77

第二节　旗袍 ———————————————————————— 84

一、旗袍的款式分析 ———————————————————— 85

二、旗袍尺寸 ——————————————————————— 85

三、旗袍的制图步骤 ———————————————————— 87

四、旗袍纸样完成图 ———————————————————— 91

五、用白坯布制作的样衣 —————————————————— 92

第三节　褶裥日礼服 ———————————————————— 93

一、褶裥日礼服款式分析 —————————————————— 94

二、褶裥日礼服尺寸分析 —————————————————— 94

三、褶裥日礼服的制图步骤 ————————————————— 95

四、纸样完成图 —————————————————————— 102

五、用白坯布制作的样衣 —————————————————— 103

第四节　A 型婚礼服 ———————————————————— 103

一、A 型婚礼服款式分析 —————————————————— 103

二、A 型婚礼服尺寸分析 —————————————————— 105

三、A 型婚礼服制图步骤 —————————————————— 105

四、用白坯布制作的样衣 —————————————————— 111

第五节　钟型小礼服 ———————————————————— 112

一、钟型小礼服款式分析 —————————————————— 113

二、钟型小礼服尺寸分析 —————————————————— 113

三、钟型礼服制图步骤 ——————————————————— 113

四、用白坯布制作的样衣 —————————————————— 118

第五章　礼服纸样设计实例——立体裁剪 —————————— **119**

第一节　褶裥鱼尾晚礼服 —————————————————— 119

一、褶裥鱼尾晚礼服款式分析 ———————————————— 119

二、褶裥鱼尾晚礼服制作步骤及完成效果 ——————————— 120

第二节　褶裥长款晚礼服 —————————————————— 135

一、褶裥长款晚礼服款式分析 ———————————————— 135

二、褶裥晚礼服制作步骤及完成效果 ————————————— 135

第三节　褶裥花边晨礼服 —————————————————— 146

一、褶裥花边晨礼服款式分析 ———————————————— 146

二、褶裥花边晨礼服制作步骤及完成效果 ——————————— 147

第四节　折叠型短款晚礼服 ·· 160

一、折叠型短款晚礼服款式分析 ··· 160

二、折叠型短款晚礼服制作步骤及完成效果 ························· 161

➡ **参考文献** ·· **176**

第一章

礼 服 概 述

第一节　礼服的分类

　　礼服是指出席某些宴会、舞会、联谊会及社交活动，举行某些仪式时所穿着的服装。作为一种正式社交场合穿着的服装，礼服代表了身份、地位、品味、教养等许多无形语言。现代礼服由于其穿着场合和时间的不同而有各自鲜明的特点，成为社交生活中十分重要的一部分。

一、礼服的分类

　　现代礼服的基本种类一般有日间礼服、夜间礼服、婚礼服、丧礼服。

　　日间礼服：也称"午后正装"，主要是指午后一时至三时参加的社交活动，如参加宴会、婚礼、音乐会、出访等社交场合时穿着的现代礼服，款式讲究庄重感和正式感。如图 1-1 和图 1-2 所示。

图 1-1　日间礼服 1　　　　　　　　　图 1-2　日间礼服 2

　　夜间礼服：即通常所说的"晚礼服"，主要是出席正规的仪式、典礼、晚宴、音乐会及参加大型舞会、婚礼等社交活动穿着的服装。晚礼服的款式充分展示了穿着者的个性，缤纷的色彩、华丽透明的面料、裸露夸张的造型、豪华的饰品凸显了女性的特点。如图 1-3 和图 1-4 所示。

图 1-3　夜间礼服 1　　　　　　　　　　　图 1-4　夜间礼服 2

　　婚礼服：婚礼服是新娘在婚礼期间的重要着装，款式讲究雅致、娴静、端庄。现代新娘礼服多指西式婚纱，颜色多为白色，象征爱情的纯洁与婚姻的圣洁。如图 1-5 和图 1-6 所示。

图 1-5　婚礼服 1　　　　　　　　　　　图 1-6　婚礼服 2

　　丧礼服：丧礼服是比较特殊的一类现代礼服，是参加丧礼，表示对亡者哀悼所穿的礼服。其款式肃穆、简洁，一般采用黑色的材料。

现代礼服的起源应追溯到公元 17～18 世纪，礼服的演变经历了巴洛克、洛可可、新古典主义、维多利亚、巴斯尔、S 形几个时代的变迁。在西方国家，穿着礼服出席各种正式社交场合成为了一种传统习俗，被视为一种基本礼仪。这就导致了现代礼服市场的广阔。近些年来，现代礼服已被我国越来越多的人接受，在社交生活中也扮演着重要的角色。

无论是哪种场合穿着的现代礼服，从礼服的款式、面料、色彩上看，都是以表现人体美作为其设计与造型的主题。现代礼服对人体美的表现已倾向于对女性体型、体态自然曲线的表现。在造型上，往往通过运用强弱、虚实处理的各种手段，同时借助于各种装饰性的造型手法，达到优化人体比例、强调人体曲线的目的。比如，各种造型线条和装饰纹样的运用，能在视觉上增强体型的纤细、曲线的柔美；抽褶、折叠、悬荡、系扎等褶饰造型，能协调人体的比例，调节礼服造型的视觉重心，并起到强调和虚化等作用；不同材质面料的混搭、立体的肌理效果，在现代礼服造型中的运用也相当广泛，是现代礼服设计与构成的主要手段之一。

二、现代礼服的构成技术

就服装结构设计的方法而言，平面裁剪与立体裁剪是服装结构设计的两大形式，它们的内容与方法构成了服装结构设计的完整理论与实践体系。平面裁剪是服装裁剪中最常用的裁剪方法，是采用二维的设计思路，根据测量人体必要的结构尺寸，在布料上使用原型等方法经过几个步骤操作进行平面制图。进行平面裁剪时，首先要考虑人体特征、款式造型、控制部位的尺寸，然后结合人体穿衣的动静及舒适要求，运用细部规格的分配比例计算方法或在基础样板上进行变化等技术手法，通过平面制图的形式绘制出结构图。

立体裁剪是相对于平面裁剪而言的概念，是指用白坯布为常用替代物，在人台上直接塑造服装样式，并进行样板制作的技术。由于立体裁剪是设计师主要依靠视觉进行的直观操作过程，所以它具有激发和展开新的设计思维的功能。立体裁剪在教学和研究中已经形成了一整套的操作技术和程序，通常被人们看作是一种解决"现代服装造型理念"的系统性方法。正是在这种既具体又创意的技术操作下，现代服装的造型和结构设计有了不断的发展。它以布丝的纱向作为参照，对合体形态进行"松量"的分配，对服装的造型、结构进行直接的塑型和设计。立体裁剪所特有的形象性、直观性的造型过程，使其具备变化自由、造型细腻的天性。如图 1-7～图 1-9 所示。

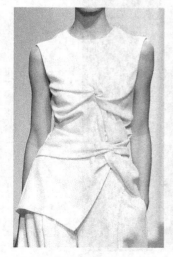  

图 1-7 立体裁剪细节结构 1　　图 1-8 立体裁剪细节结构 2　　图 1-9 立体裁剪细节结构 3

　　平面裁剪与立体裁剪同为裁剪服装的方法，两者既有区别又有着不可分割的联系，是相辅相成、互相渗透的。由于材料、思维及操作手法等因素在设计过程中同时出现，每个因素都具有可变性，每个因素之间又相互作用，因此产生了诸多变化，使结构设计本身成了诱发新思路的过程。如何在结构设计中引发创意，如何从创意的角度解读技术，多年来一直存在着各种探索。作为当代的服装设计师，要创造出符合时代步伐的设计作品，就必须掌握现代设计观念和现代设计技术，既要对服装平面构成技术有深刻的认识，又要掌握立体构成手法。这就要求我们充分发挥平面裁剪与立体裁剪各自的优势，使作品创意思想和内容的和谐一致得到充分表达。

第二节　礼服的廓型

　　服装的廓型，就是服装外部形态的剪影。服装廓型变化的几个关键部位是肩、腰、臀、下摆，也就是对这几个部位的强调与掩饰。廓型变化主要的造型手段是松量及省道的设计。所以也可以说，一种服装造型的设计，就是对服装各部位松量的设计；就女装而言，同时又是对省道结构的设计。

一、A型

　　A型是一种适度的上窄下宽的平直造型。它采用由上到下逐渐展开的梯形形式，通过收缩肩部、夸大裙摆而使整个廓形类似大写字母A。它以不收腰宽下摆为基本特征，给人浪漫、可爱、活泼的感觉，极富动感。A型廓型的关键就是加大下摆围度，基本不需要设置省道，省量转入下摆。根据A型的大小不同，下摆加放的松量也会不同。如图1-10和图1-11所示。

图1-10　A型礼服1　　　　　　　　图1-11　A型礼服2

二、X型

X型是通过夸张衣裙下摆而收紧腰部，使整体廓型显得上下部分夸大、中间窄小的类似于字母X的造型。X型与女性身体的优美曲线吻合，可以充分展现和强调女性的魅力，是最富女人味的线型。设计者在构思X型服装造型的同时，就必须对服装胸围、腰围、臀围三个位置的放松量（也称为松量）进行设想。为了实现夸张的曲线设计，三围的差数必须非常大，这就要对三围的放松量设置不同的比例关系。这样的造型必须选择有大量省道设置的裁片结构，一片衣片是不能完成的，所以必须采用多衣片构成的方法。如图1-12和图1-13所示。

图1-12　X型礼服1　　　　　　　图1-13　X型礼服2

三、S型

S型通过胸部、臀部围度适中而腰围收紧来实现。较X型而言，这类廓形使女性魅力更加浓厚。它通过结构设计、面料特性等手段达到体现女性S型曲线的目的，展现出女性特有的浪漫、柔和、典雅。S型礼服胸围、臀围松量适中，省道的结构也采用了最简捷、最直接的收省方式。如图1-14和图1-15所示。

四、钟型

钟型是从腰部以下的轮廓逐渐扩大，可以拉长身体并很好地掩饰丰满的臀部，释放出曲线的力度。如图1-16和图1-17所示。

五、H型

H型是一种平直廓型。它弱化了肩、腰、臀之间的宽度差异，外轮廓类似矩形，整体类似大写字母H。它给人挺括、简约的感觉，具有严谨庄重的男性化风格特征。衣身一般呈直筒状，所以三围的松量设计不能太小，否则与人体之间不会产生空间感。由于放松了腰围，因而能掩饰腰部的臃肿感，总体上穿着舒适，风格轻松。如图1-18和图1-19所示。

图 1-14　S 型礼服 1　　　　　　　　　图 1-15　S 型礼服 2

图 1-16　钟型礼服 1　　　　　　　　　图 1-17　钟型礼服 2

图 1-18 H 型礼服 1　　　　　　　　　图 1-19 H 型礼服 2

六、V 型

V 型礼服从造型上看，上大下小。一般来说，服装上身较宽且有造型特点，下身逐渐变窄，整体外形较为夸张。从风格体现上看，它给人自信而强烈的感觉，视觉上的上大下小体现着与其他廓形不同的力度感，在塑造女性健美、洒脱干练的形象方面有独特之处。如图 1-20 和图 1-21 所示。

图 1-20 V 型礼服 1　　　　　　　　　图 1-21 V 型礼服 2

七、O型

O型礼服从造型上看，呈椭圆造型。一般来说，服装造型蓬松，不过分强调女性的形体特征，肩部及腰部造型没有明显的棱角，特别是腰部线条松弛不收腰，会因椭圆大小的造型不同而产生不同的效果。从风格体现上看，它给人活泼而年轻的感觉，视觉上的扩张感表现出服装的韵律感，具有圆润、膨胀、律动的特点。如图1-22和图1-23所示。

图1-22　O型礼服1　　　　　　图1-23　O型礼服2

八、美人鱼型

美人鱼型在外型上是以女性身体优雅的曲线为主导，外轮廓造型类似花瓶形状，充分展现和强调女性的魅力。在结构的处理上，需要借助于分割线增加下摆的宽度，从而呈现鱼尾的造型。如图1-24和图1-25所示。

图1-24　美人鱼型礼服1　　　　图1-25　美人鱼型礼服2

第三节 礼服的表现手法

一、"加法"装饰

"加法"装饰，就是在服装上加缀某些造型元素进行再设计的手法。在礼服中，"加法"装饰的方法、材料繁杂多样，从而形成的风格造型也不尽相同。从设计手法上，"加法"装饰直接、自由，是面料的一种再设计的方法，能使平面衣料增加立体突出的丰富效果。从礼服风格表达上，具有夸张、繁复、奢华、大气等特点。如图 1-26 和图 1-27 所示。

图 1-26 "加法"装饰礼服 1　　　　　图 1-27 "加法"装饰礼服 2

二、缠绕

缠绕，是利用不同软性面料的可塑性进行再设计的手法。在礼服设计中，经常使用缠、绕、拧、揉搓、披挂等手法形成肌理效果。从设计手法上，缠绕的手法多变、自然。从礼服风格表达上，看似随意的围裹，延续不断、自由流动的褶裥线条，具有古典气质，能表达女性体态古典、自由、随意之美。如图 1-28 和图 1-29 所示。

三、拼接

拼接，是利用不同质感材料的织物进行再设计的手法。在礼服设计中，色彩拼接、面料拼接、款式结构拼接等不同的切入点会产生不同且丰富的效果。从设计手法上，拼接更加自由、发散、多向。从礼服风格表达上，能碰撞出不同的风格走向，视觉冲击感强烈，具有大胆、个性、时尚等特点。如图 1-30 和图 1-31 所示。

图 1-28 缠绕法礼服 1　　　　　图 1-29 缠绕法礼服 2

图 1-30 拼接法礼服 1　　　　　图 1-31 拼接法礼服 2

四、透视

透视，是利用薄透性面料或在基本造型上做镂空等方法形成内部透显的一种表现手法。从设计手法上，透视讲究透视的部位、透视的材料、透视的层次。从礼服风格表达上，透视服装具有通透、唯美、神秘的性感，能更加大胆地表现女性的体态美。如图 1-32 和图 1-33 所示。

图 1-32 透视法礼服 1　　　　　　图 1-33 透视法礼服 2

五、折叠

　　折叠，是一种打破传统服装二维平面的立体三维设计手法。在礼服设计中，直线或曲线折叠、规律或无规律折叠等不同的切入点会形成不同效果。从设计手法上，折叠在结构上创新、巧妙，造型上发散、多变。从礼服风格表达上，立体的造型能碰撞出不同的力量感，具有生动、抽象、个性等特点。如图 1-34 和图 1-35 所示。

图 1-34 折叠法礼服 1　　　　　　图 1-35 折叠法礼服 2

六、重复

重复，是指相同或相近的元素按照一定的构成规律反复出现的一种表现手法。从设计手法上，重复在结构上规律，注重重复元素的位置、大小，造型上丰富生动。从礼服风格表达上，韵律感与节奏感突出，具有生动、律动、充满张力等特点。如图1-36和图1-37所示。

图 1-36　重复法礼服 1　　　　　图 1-37　重复法礼服 2

第四节　礼服用面料

一、面料对服装风格的影响

服装面料的性能是决定服装形态的重要因素之一。面料是服装整体结构的一部分，是服装造型实现的基础。在目前的服装设计中，设计师们已深刻认识到要塑造出理想的服装形态，最重要的是要协调好服装造型与面料性能之间的潜在关系。服装的外观风格特征及穿着性能归根结底是由组成的材料结构特征及性能所决定的。不同的材料具有不同的特征，不同的特征会引起人的不同联想。图1-38(a)和图1-38(b)采用了同一个板型。图1-39(a)和图1-39(b)也是采用同一个板型，只是采用了不同的面料制作，外观风格却截然不同。图1-38(a)采用棉质面料，沿着身体构成的走向产生线和型；图1-38(b)采用光泽面料，对光线的反射具有强烈的视觉吸引力，使人产生华丽、雍容的联想；图1-39(a)采用针织面料，柔软及悬垂性好的面料使人产生轻盈、飘逸、单纯的联想，其能依附于人体起伏变化显出人体线条韵律，展现了女性的妩媚和柔美；图1-39(b)的面料整体呈现膨胀感，裙摆褶裥的形态。

由此可见，材质决定了服装的质感，不同的质感会给人不同的心理感觉，体现出不同的穿着风格。设计师只有巧妙地、科学地利用材料本身所具有的格调和美感，才能寻求到礼服造型的艺术效果，在设计中准确地塑造服装的某种形象，表达某种意念。

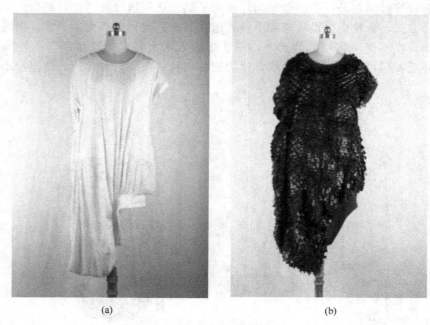

(a)   (b)

图 1-38　不同面料对服装风格的影响 1

(a)   (b)

图 1-39　不同面料对服装风格的影响 2

二、面料对服装造型的影响

完成一个理想的服装造型需要诸多因素，但首先要考虑的就是面料的质地与性能。如果能准确地把面料性能和服装造型相结合，就能表现出最佳效果。

图 1-40（a）是用柞蚕丝面料设计的服装。柞蚕丝面料纤维较粗硬，质地挺括，支撑力较

好。利用这种面料性能，既要发挥优势，同时要注意弊端。首先，这种面料光泽感较强，不宜有更多的缝合线暴露在外，否则会影响外观的平整。运用这种面料设计的款式，只适合采用简洁的拼合方式，裁片应少设省道或不设省道。其次，此种面料支撑力好，很适合表现宽大蓬起的造型，在不使用省道的情况下，用活褶的方式来完成"鼓蓬蓬"的外观效果。最后，设计的外观要尽可能少地使用曲线，因为这种面料的曲线缝合会让外观出现不良皱褶。

(a)   (b)

图1-40　不同面料对服装造型的影响

　　图1-40（b）也是一款宽松类型的衣服，但在设计风格上突出的是面料柔软、随意的特点。从服装表面的质感和肩部的线条上就可以看到面料表现出的松软、悬垂，并有一定厚度的特性；同时，面料本身还具有较好的表面纹理和组织结构。在遇到柔软、蓬松的面料时，同样要以较大的松量和较少的缝合线考虑设计方案。因为蓬松的面料很难塑造出细小、灵巧的服装外形，而且这种服装面料一经缝合，就会改变柔软的感觉而增加硬度，使原有的舒适感被破坏。所以在设计时要选择那些只有很少缝合部位的裁片结构，尤其是在肩部，一旦出现袖窿结构，面料的装饰作用就会降低。在款式设计中，也可以考虑选择具有良好图案效果的面料，因为如果在结构设计中选择简洁的风格，就需要借助于面料的装饰效果实现款式的可看性。

　　对比图1-40（a）和图1-40（b），两款设计都采用了较大的松量，但效果是很不同的。这是因为两款的面料性能不同，设计时在两款不同面料的基础上，根据面料性能采用了不同的表现方法，使用了不同的裁剪结构，才塑造了两个完全不同风格的形象。

三、礼服用面料

礼服对材料的基本要求是质地符合场合、身份和社会文化，同时还应考虑款式的需要。礼服的轮廓及其风格的形成与面料的质地、形态有极大关系。用厚重的面料产生粗重的线条，轻薄的面料能流露出轻盈的线条，硬挺和柔软的面料所表现的轮廓又各不相同。高贵优雅的绸缎、轻盈柔美的网眼纱、精致奢华的蕾丝都是礼服的常用面料。

（1）缎 缎是以缎纹组织织成的，手感光滑柔软、质地紧密、光泽明亮的一类丝织物。缎类织物俗称缎子，品种很多。经浮长布满表面的称经缎；纬浮长布满表面的称纬缎。缎类织物是丝绸产品中技术最为复杂，织物外观最为绚丽多彩，工艺水平最高级的大类品种，常见的有花软缎、素软缎、织锦缎、古香缎等。如图 1-41 和图 1-42 所示。

图 1-41 古香缎

图 1-42 织锦缎

缎类织物的用途因品种而异，较轻薄的可做衬衫、裙子，较厚重的可做高级外衣、旗袍等。婚纱类带裙撑的礼服常用的缎布是一种纺织效果厚密，表面有一定光泽性的材质。因为厚密的质地使它可以保持一定的形态，所以经常放在网、纱等柔软材质下面起到支撑塑型的作用；又由于缎布本身表面具有光泽细腻的特性，也经常直接用作面料。图 1-43 和图 1-44

采用奢华的绸缎强调女性化的特质，制造风韵成熟的亮面垂坠效果。

图 1-43　缎类面料礼服 1

图 1-44　缎类面料礼服 2

　　一款好的缎，要有柔和的光泽、骨质的手感、足够的分量以及强大的支撑力。这样，不管是作为里布还是面布，都可以很完美地支撑起裙身固有的形状。这种具有分量的质感，也不会令整体的礼服看起来有很轻飘的感觉。

　　（2）纱　纱是采用加捻丝或纱罗组织织成的表面呈现清晰而均匀分布的纱孔、质地轻薄透明、具有飘逸感的丝织物。用于礼服中的纱不外乎真丝纱、网纱、欧根纱、玻璃纱等，如图 1-45 和图 1-46 所示。纱类织物透气性好，纱孔清晰、稳定、透明度高，具有轻薄、滑爽、透凉的特点。好的礼服中所用的网纱一般是真丝面料，所以都有较好的垂感和色泽度。图 1-47 和图 1-48 采用丝质面料，随风飘逸的超轻盈面料赋予了裙装极度性感的格调，为 2016 年春夏米兰 T 台注入了仙子灵气。

图 1-45　网纱

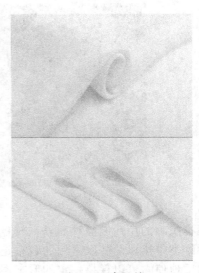
图 1-46　真丝纱

图 1-47 Alberta _ Ferretti 2016 春夏米兰　　　　图 1-48 Fendi 2016 春夏米兰

（3）蕾丝 蕾丝的宿命，是被剪裁缝纫进女人的衣衫，作为点缀荣光的装饰物。不论是在遥远的封建王朝的宫廷制衣间，近现代欧美各国商业街区的裁缝铺，还是现代时装设计师的工作室，蕾丝通常都不是主角，却有着改变一切的力量。天才设计师能运用蕾丝让一件不起眼的朴素裙装蜕变为或华丽或柔美的标志性单品，连可可香奈儿那样崇拜中性风格的女人，都会在与情人会面的时候选择装饰蕾丝的礼服。蕾丝与时装之间，的确有太多的故事。

在现代礼服的设计中，蕾丝成为设计师重要的灵感来源和设计元素。尤其是在婚纱和礼服的发展和演变过程中，伴随时尚潮流的涌动，蕾丝元素运用的形式不断更新，所呈现出来的风格也多种多样。如图 1-49～图 1-52 所示。

图 1-49 瓦伦蒂诺独特的镂空蕾丝 1　　　　图 1-50 瓦伦蒂诺独特的镂空蕾丝 2

　　1959 年，年轻气盛的瓦伦蒂诺从巴黎回到罗马，成立了以自己名字命名的公司。他擅长运用蕾丝、雪纺、丝绸、羊毛等精致丰富的面料和浓重的色彩把女性最富丽华贵，美艳灼人的一面展示在人们眼前。2008 年瓦伦蒂诺继承者基乌力和皮乔丽传承他的蕾丝情结，连续几季运用蕾丝诠释新华伦天奴的轻盈美态。2012 年春夏，设计师以 21 世纪初的墨西哥少女为灵感，配合爱德华时期细腻绣花蕾丝风格。其中的蕾丝细节来自其品牌专属的蕾丝工坊。

图 1-51　Zuhair Murad　2015 春夏 1　　　　　　　图 1-52　Zuhair Murad　2015 春夏 2

　　Zuhair Murad 蕾丝的运用典雅奢华、简洁大气、气场十足却也极具性感成熟女人味儿，不愧是"奢侈礼服"的开山鼻祖。"典雅"在于其款式、剪裁上简洁柔美的线条，"奢华"则由于阿拉伯血统使然，所用的面料和辅料极尽奢华，追求极致的美。

　　蕾丝种类繁多，发展至今，棉线和人造合成纤维成为最常见的选择。

　　棉线蕾丝，顾名思义，就是用棉线织成的蕾丝。所以它比较厚，不容易起皱、折叠和弯曲。一般来说，棉线蕾丝在服饰中通常使用在一些较小的花边上。如图 1-53 和图 1-54 所示。

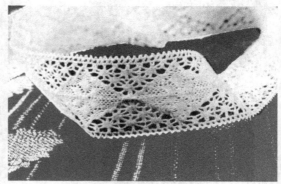

图 1-53　棉线蕾丝 1　　　　　　　　　　　　　图 1-54　棉线蕾丝 2

　　以人造合成纤维为材料的蕾丝是目前礼服中最常应用的蕾丝。其材质以锦纶、氨纶为主，常见的有刺绣蕾丝、水溶蕾丝等。刺绣蕾丝是在一层纱网上用棉、涤纶等线绣出蕾丝的形状，再将外廓剪掉。由于外廓是纱网，所以手感会随纱网的硬度产生变化。一般会认为纱网织成的蕾丝比较好，刺绣蕾丝的优点是手感柔软光滑，不易起皱，有弹性，可以折叠。缺点是不能高温熨烫。如图 1-55～图 1-59 所示。

图 1-55　刺绣蕾丝 1

图 1-56　刺绣蕾丝 2

图 1-57　刺绣蕾丝 3

图 1-58　刺绣蕾丝 4

图 1-59　刺绣蕾丝 5

水溶蕾丝是用涤纶线或粘胶长丝将蕾丝花样织在一张衬纸上，完成后用较高温度的水将衬纸溶解，只留下蕾丝本体，故名水溶蕾丝。水溶蕾丝的优点在于柔软光滑，手感好，有略微的弹性，有立体感和光泽，而且花样繁多。缺点在于造价高，不宜高温熨烫。如图1-60所示。

图1-60　水溶蕾丝

四、礼服用辅料

（1）裙撑　裙撑是一种能使外面裙子蓬松鼓起的衬裙。裙撑的形状应该根据礼服的廓形设计，主要分为无骨裙撑和有骨裙撑两大类。

无骨裙撑按硬度分为软纱和硬纱。软纱飘逸垂顺，常用的材料有锦纶透明薄纱、锦纶六角网眼薄纱、涤纶蝉翼纱等。硬纱的特点是网格较大，硬度强，可以创造出很蓬松的效果，缺点是不够飘逸。无骨裙撑有单纱裙撑、双纱裙撑、三层纱裙撑等，撑纱的层数越多，撑起裙子的效果越好。无骨裙撑适用于面料轻软或裙摆较小的礼服裙内部。如图1-61和图1-62所示。

图1-61　无骨裙撑1　　　　　　　　　　图1-62　无骨裙撑2

有骨裙撑一般由钢圈和硬（软）纱组合制作。钢圈越多，裙摆越大，裙撑过渡越自然，稳定性也越好。裙摆越膨大，需要的钢圈或其他材料制成的框架越多。有骨裙撑的最后一圈骨架最好在离地很近处，否则裙子撑开效果将不是最佳的。如图1-63～图1-65所示。

图 1-63 钢圈裙撑 1

图 1-64 钢圈裙撑 2

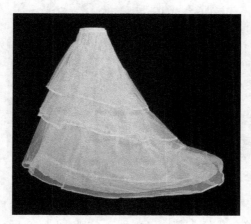

图 1-65 拖尾裙撑

（2）鱼骨 鱼骨的作用是支撑服装的外形。根据不同的作用，鱼骨有不同的硬度，如金属的、塑料的；宽窄也有多种，常用的宽度有 0.5cm、0.8cm、1.2cm 等。如图 1-66 所示。

图 1-66 鱼骨

根据款式的需求，可以直接把鱼骨缝在缝份上或放在抽带管中。鱼骨的缝纫有如下几种方法。

① 直接缝合鱼骨。这种方法要保证缝纫机针可以穿透鱼骨。缝制时，将鱼骨剪成需要的长度，然后将鱼骨缝在缝份处，且头和尾处包上布。如图1-67所示。

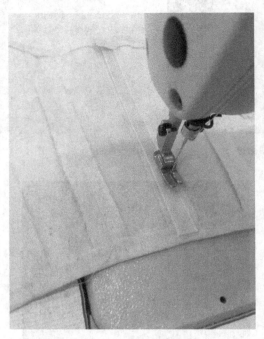

图1-67　直接缝纫鱼骨

② 用抽带管缝合鱼骨。把两层面料错开，先辑缝一道线，然后将缝份反过来，再辑缝一道线，形成一个管道，将鱼骨插入其中。如图1-68和图1-69所示。

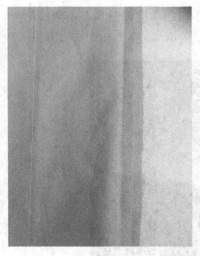

图1-68　两层面料错开，先辑缝一道线

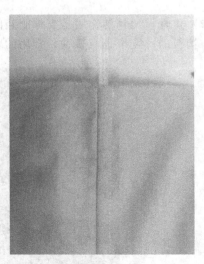

图1-69　将缝份反过来，再辑缝一道线

第二章
礼服结构设计基础知识

第一节　服装的专业语言

一、平面裁剪

平面裁剪是服装裁剪中最常用的裁剪方法。平面裁剪是根据测量人体必要的结构尺寸，在纸或者布料上进行平面制图的裁剪方法。进行平面裁剪时，首先要考虑人体特征、款式造型、控制部位的尺寸，然后结合人体穿衣的动静及舒适要求，运用细部规格的分配比例计算方法或在基础样板上进行变化等技术手法，通过平面制图的形式绘制出结构图。

二、立体裁剪

立体裁剪是区别于服装平面制图的一种裁剪方法，是完成服装款式造型的重要手段之一。它是一种直接将布料覆盖在人台或人体上，通过分割、折叠、抽缩、拉展等技术手法制成预先构思好的服装造型，然后从人台或人体取下布样在平台上进行修正，并转换成服装纸样，再制成服装的技术手段。如图2-1所示。

三、号型

号指人体的身高，以厘米为单位表示，是设计和选购服装长短的依据。型指人体的胸围或腰围，以厘米为单位表示，是设计和选购服装肥瘦的依据。号型对设计

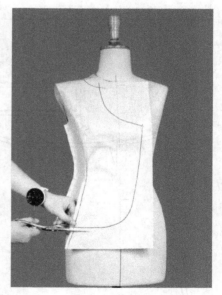

图2-1　立体裁剪

师来说非常重要，通过号型能够把身体的比例关系转化成二维纸样进而实现三维服装。不同国家的号型表示方法各不相同。中国的号型从155到175，英国的号型表从6号到22号，欧洲的号型范围从34号到52号，美国的相同范围是2～18号。表2-1是女装尺码换算参照表。

表2-1　女装尺码换算参照表

中国/cm	155/80	160/84	165/88	170/92	175/96
国标	XS	S	M	L	XL
美国	2	4	6	8	10
欧洲	34	36	38	40	42

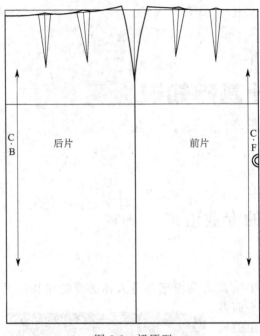

图 2-2　裙原型

四、原型

　　世界上各种有形物体都具有不同的形态，能够反映其特征的基本形状，称之为原型。能够反映人体基本信息的服装样板，称之为服装原型。服装原型是进行服装结构制图和变化的基础。在原型的基础上，可以衍生出很多复杂的设计。绘制原型时只需制作人体的一半造型，因为可假设人体完全对称。如图 2-2 所示。

五、纸样

　　纸样是立体服装的平面表达，设计师通过纸样把平面的面料转化成三维形态。最终的纸样包含一系列不同形状的纸板，通过把纸样拓到面料上并且进行裁剪和缝合，就形成了三维的服装。完成的纸样上应该包括剪口、缝份、纱向等信息。剪口的作用是做标记，确保裁片的准确缝合；设置缝份是为了缝合裁片；纱向是为了表明样板放置在面料上的位置。如图 2-3 所示。

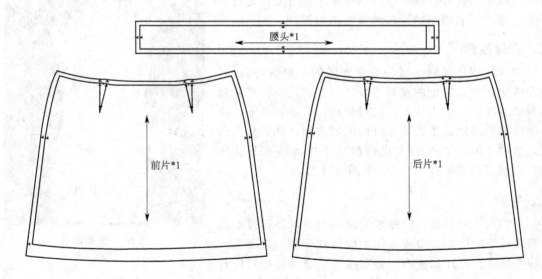

图 2-3　A 型裙纸样

六、样衣

　　样衣指服装的实际样品，可分为两种：一是企业自主设计试制的新款样品，供客户选样订购；二是按客户要求制作并经客户确认的样品。体现设计意图和原作精神的样衣是设计、制板和车缝密切配合、反复修改、不断完善的集体劳动成果。为使其与大货保持一致，样衣通常采用与缝制车间相同的机器设备和操作规程制作。如图 2-4 和图 2-5 所示。

图 2-4 样衣 1

图 2-5 样衣 2

七、经纱

和布边平行的方向为经纱方向。布边是指布料两边坚固的梭织边缘。经向纱线的强度最大，弹性最小。大部分服装会沿经纱方向裁剪。经纱从上到下贯穿服装，在长度上提供了一定的稳定性。

八、纬纱

和布边垂直的方向为纬纱方向。纬纱比经纱稍有弹性，这样在穿着服装时面料可以沿着身体的围度方向有一定的伸展。

九、斜纱

折叠面料，使经向纱线和纬向纱线重合，形成 45°的折角，这个方向就是正斜向。斜纱的特性是具有很强的伸缩性，易于变形，悬垂性好。当设计要求既体现形体曲线又不想加省道时，通常采用斜裁。使用斜纱制作的服装穿上更为贴合人体，斜裁弹力使得服装穿着舒适、造型性强。由于斜纱的变形性，因而在缝制中比直纱困难，很容易产生波浪状的起伏。

样板师在排料时，要按照样板上标明的纱线方向进行摆放。对于一些特殊面料，如起绒织物，像灯芯绒、天鹅绒或带有明显印花图案和织纹的面料，排料时需要全部朝向一个方向。如图 2-6 所示。

十、省

二维的平面材料包裹在人体上，会有许多浮余量，要满足立体造型的需要，达到适体的目的，必须将人体上不合体的部分折叠处理掉，而去掉的部分就称为"省"。省是我们在服装造型设计中的主要研究对象，是二维的平面变化成三维的形体采用的重要手段。如图 2-7 所示。

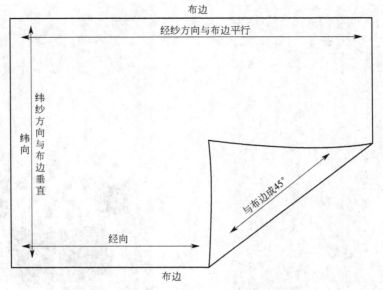

图 2-6 纱向示意图

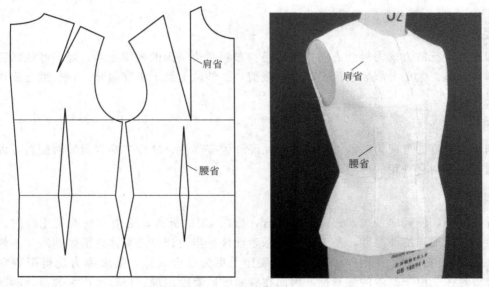

图 2-7 省在纸样和服装上的对比

十一、剪口

一般来说，剪口深不能大于缝份的一半。例如，缝份宽1cm，剪口不能超过0.5cm。如图 2-8 所示。

十二、缝份

为了将衣片缝合在一起，需要为衣片加入缝份。1cm 的缝份是工业生产中常用的标准值。在服装的底边处，缝份会加宽到3～4cm。根据面料的特性及缝制方法，缝份的大小要适当调整。如表 2-2 所示。

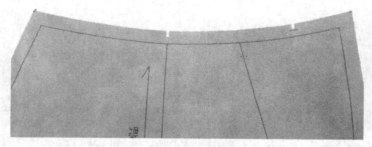

图 2-8　剪口

表 2-2　缝份说明

分类	项目	缝份	说　明
面料性能	松散织物/粗纺花呢	1.5cm	对于组织结构松散的面料,在裁剪及穿着过程中,极易脱丝。在这种情况下,建议使用较宽的缝份,同时使用粘合衬固定边缘
	厚重面料	1.5cm	在缝合厚重面料时,如果缝份较窄,用熨斗分缝时,很难将缝头烫倒,所以需要较宽的缝份
	弧度较大的底摆/曲线分割线	3～4cm	底摆的缝份一般为3～4cm,但如果是弧度较大的底摆,必须减少缝份量,否则翻折后由于外口弧线长,很难平服。曲线型的分割线也是同样的道理,缝合曲线型分割的两片衣片时,内凹弧线的缝头外口线会变短而外凸,弧线的缝头外口线会变长,只有加入较窄的缝份才可以使两者之间的差异变小
工艺要求	需要滚边的部位	无缝份	袖窿、领口等部位用斜丝滚条滚边时,不需要加缝份
	男裤后中心线靠近腰头处	3.5cm	合体型男裤后中心线从腰头到裆底缝份由 3.5cm 过渡到 1cm。3.5cm 的缝份是为了在体型发生变化时,方便调节
	来去缝工艺	1.2cm	当缝合衣片采用来去缝工艺时,缝份要留 1.2cm

第二节　制图工具及制图符号

一、服装纸样制图工具

（1）制板工具　制作样板需要专业的制板工具,它们可以帮助制板师快速得到理想的曲线效果。开始制图时,一套基本工具是必备的,并可根据自己的需求增加其他工具。如图 2-9 和图 2-10 所示。

①打板尺。用于绘制直线及图形,还可以加放缝份等。

②丁字尺。用于画平行线或和直尺成各种角度的直线。

③曲线板。这款尺上有量角器、刻度、不同直径的圆。尺子的外部和内部有不同曲线,可以用来绘制衣身上的各种弧线。

④6字尺。用来绘制衣身上的曲线,如袖窿弧线等。

⑤大刀尺。用来绘制衣身上的曲线,如袖弧线、裤子侧缝线、内缝线等。

⑥三角板。绘制及调整直角时使用。

⑦裁剪剪刀。用于裁剪面料。根据面料的重量和厚度使用不同的剪刀。

⑧剪纸剪刀。用于裁剪纸样。

⑨软尺。用于测量各部位的尺寸及绘制服装样板。

⑩纱剪。用于修剪手缝和机缝线头。

⑪画粉。用于在面料上描绘纸样轮廓。画粉有多种颜色,根据面料的色彩,选择反差较大的画粉比较容易识别。还有一种隐形画粉,具有气化性,画好的线条放置一段时间或熨

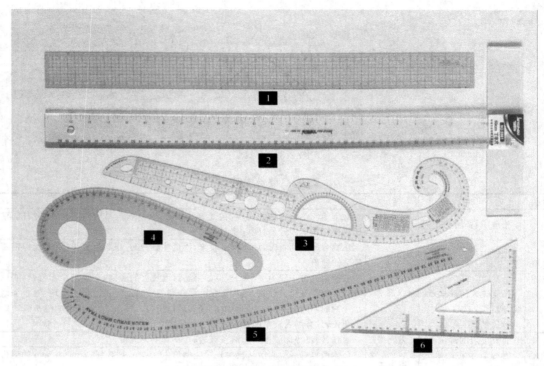

图 2-9　服装纸样制图工具 1

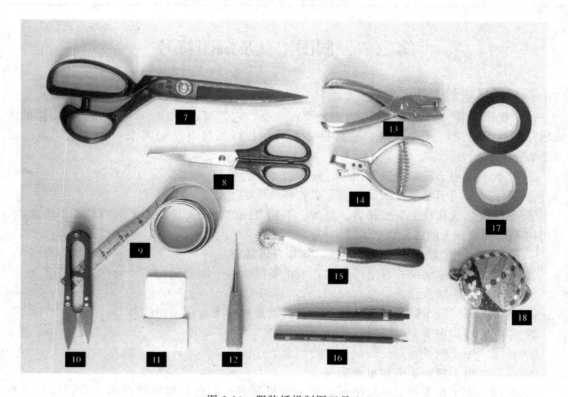

图 2-10　服装纸样制图工具 2

烫后自动消失。

⑫ 锥子。用于定位等辅助操作，可以用来对多层面料打孔。锥子钻出的孔只会留下一个暂时的记号，因为它的尖端只是将纱线分开，并没有切断。

⑬ 打孔器。用于在纸样上打孔，使纸样能挂在挂钩上。

⑭ 打口钳。用于打剪口，剪口的深度不能超过缝份的一半。

⑮ 滚轮。将线条复制到另一张纸上，好的滚轮的尺牙应排列紧密，复制出的线条小孔之间的距离较小，不但容易连接，而且也比较准确。

⑯ 绘图铅笔。用于在打板纸上绘图。

⑰ 人台标记线。用于设置人台标记线和款式标记线。有不同颜色，宽度也有不同规格。黏性强、韧性好的标记线在粘贴领圈、袖窿弧线时会相对容易。

⑱ 服装用大头针和针插。服装用大头针在立裁时用于固定衣片与人台或衣片与衣片。立裁时尽量选用针头较尖、针杆较细的别针，这样不容易损坏布料和人台，插针时也比较省力。

（2）打板尺 这是服装制板最常用的一种工具。宽度 5cm，长度 60cm，塑料尺上印有 1cm 的刻度线，可以任意弯曲。打板尺可以画直线，也可以画曲线，还可以加放缝份。对于初学者来说，用直尺画曲线，也叫推尺，虽然不容易掌握，但这是制板师的基本技能，必须勤加练习。推尺就是用许多短短的直线组成一条弯线。如图 2-11 和图 2-12 所示。

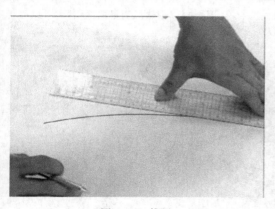

图 2-11 推尺

推尺时，用左手按住尺子的中间，右手画线。画线时，
尺子不动，当笔停下时，尺子往前移动。

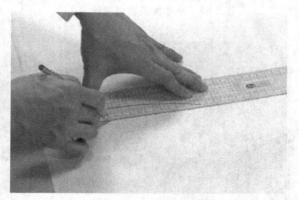

图 2-12 加缝份

加缝份时，净线一直对准直尺 1cm 的刻度线，
推尺画出和净线完全平行的缝份线。

（3）曲线板 虽然有经验的打板师可以用直尺直接绘制曲线，但曲线板可以帮助打板师更快地绘制曲线。人体不同部位的曲线形态对应着曲线板的不同部位，需要打板师具有丰富的经验。如图 2-13 所示。

（4）软尺 用于测量各部位的尺寸及绘制服装样板。当测量曲线时，比如测量袖窿弧线，把软尺竖起来进行测量比较准确。如图 2-14 所示。

（5）剪刀 用于裁剪面料和纸。剪面料和纸的剪刀最好分开使用。因为剪了纸后，剪刀就不会像新的时候那样锋利了。当剪面料和纸时，尤其是剪两层面料或纸时，必须保证上下层大小完全一致，也叫齐口。裁剪时，要垂直入刀，垂直出刀。如图 2-15 和如图 2-16 所示。

（6）打口钳 用来打剪口，打在纸样的边缘标明缝合时的对合部位。剪口深度不超过 0.5cm。如图 2-17 所示。

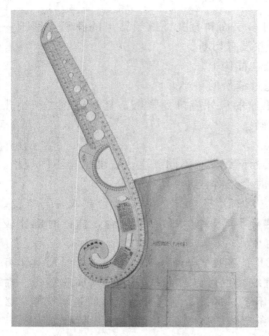

图 2-13　用曲线板绘制曲线

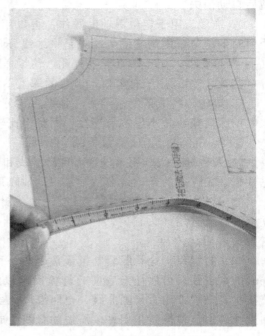

图 2-14　用软尺测量曲线

图 2-15　用剪刀剪纸

剪刀要少许外倾，用剪刀的前端裁剪，
一刀连续一刀，不要让剪刀离开面料或纸。

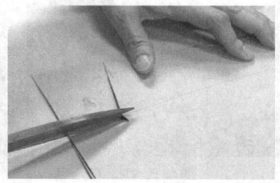

图 2-16　拐角处的剪法

剪到拐角处时，可多剪少许
并剪个角位，以方便拐弯。

（7）打孔器　在纸样上打孔时要尽量打在中间，不要太靠边，以距边缘 3～4cm 为宜，不要太高，也不要太低。这样在悬挂纸样时才能保持均匀受力，不会歪斜。如图 2-18 所示。

（8）人台标记线　人台标记线有红色和黑色两种，可以在人台上作为标记线，也可用在坯布上作为款式线。用在人台和面料上时要选择颜色反差大的，比如白人台要选择黑色标记线。如图 2-19 所示。

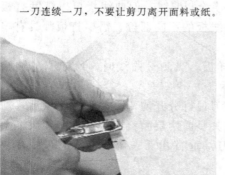

图 2-17　打口钳

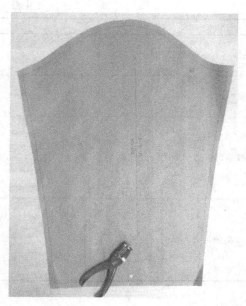

图 2-18　打孔器

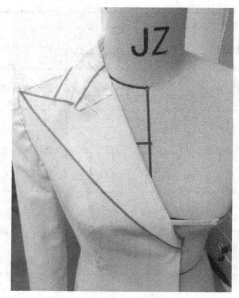

图 2-19　人台标记线

二、服装纸样常见绘制符号

服装纸样常见绘制符号及其说明如表 2-3 所示。

表 2-3　服装纸样常见绘制符号及其说明

名称	符号	说　明
轮廓线		分为实线、虚线。实线:指服装纸样制成后的实际边线,也称完成线。虚线:指纸样两边完全对称或不对称的折线
基础线		比轮廓线细的实线或虚线,起引导作用
等分线		表示将这段线等分
直角符号		表示两条线相交成直角
重叠符号		表示所共处的部分重叠,且长度相等
拼合符号		表示相关部位标出整形符号,以示去除原有的结构线,即为完整的形状
纱向符号		箭头方向表示经纱方向
顺毛向符号		有毛、有光泽面料的排放方向

名称	符号	说　明
拔开符号		表示需熨烫抻开的部位
归拢符号		表示需熨烫归拢的部位
单向褶裥		表示顺向褶裥从标记线高的一边向低的一边折叠
对合褶裥		表示对合褶裥从标记线高的一边向低的一边折叠

第三节　人 体 测 量

　　人体测量是进行纸样设计的前提，只有通过人体测量，掌握有关部位的数据，设计服装结构时才有可靠的依据，才能保证服装的适体与美观。受时尚的影响，生产所需的人体尺寸项目越来越多，人体测量也变得越来越复杂。人体测量的项目是由测量目的决定的。根据服装制图的要求，不同款式人体测量的部位各不相同。最重要的三个尺寸为胸围、腰围、臀围，对大部分的纸样制作是必要的，属于基础测量。对于个别款式或个别体型，需要选择性地补充测量一些部位尺寸，比如抹胸礼服，需要加测胸上围尺寸；瘦腿裤，需要加测小腿围尺寸等。

一、测量方法

　　① 测量者站在被测者前侧方 45°的位置，避免和被测者面对面站立产生压迫感。

　　② 被测者自然站立，保持最放松的状态。

　　③ 测量前，尤其是礼服定制的测量，要考虑设计的服装搭配何种高度的鞋和何种薄厚的文胸，被测者一定要穿戴好后再进行测量。

　　④ 测量时，应确保环绕身体的皮尺既不能太松也不能太紧。

　　⑤ 测量时，要按顺序进行，先测量长度，再测量围度，最后测量宽度。

二、人体测量的基准点和基准线

　　(1) 人体主要基准点　根据人体测量的需要，将人体外表明显、易定的骨骼点、突出点设置为基准点。人体基准点之间的位置关系决定了样板的外在轮廓和内在省的形状。在服装样板放缩技术中，放码点的设定是以人体的主要基准点和样板轮廓的转折点为基准。

　　(2) 人体主要基准线　根据人体体表的起伏交界、人体的前后分界、人体的对称性等基本特征，可对人体外表设置基准线。标准人体的基准线构成服装制图的基本骨架。服装样板制图的"结构线"是依据标准人体上的基准线设定的。如图 2-20 所示。

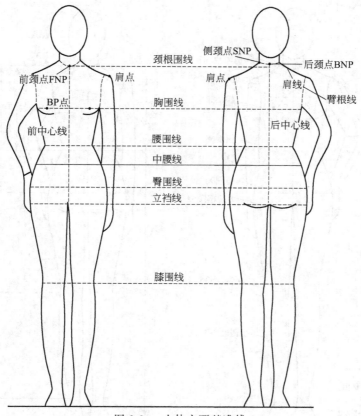

图 2-20　人体主要基准线

三、纸样制图常用参考数据

作为样板师，有必要非常熟练地掌握人体数据。在进行纸样设计时，样板师可以通过和这些常用数据的对比，判断纸样的合理性。如图 2-21 所示。

以下以 160/84A 为例。

围度测量

颈根围＝36　经过前颈点、侧颈点、后颈点，用皮尺围量一周的长度。

胸围＝84　以乳点为基点，用皮尺水平围量一周的长度。

腰围＝68　在腰部最细处，用皮尺水平围量一周的长度。

臀围＝90　在臀部最丰满处，用皮尺水平围量一周的长度。

大腿根围＝52　在大腿最丰满处，用皮尺水平围量一周的长度。

膝围＝35　在膝关节处，用皮尺水平围量一周的长度。

小腿肚围＝35　在膝关节和踝关节中间的位置。瘦腿裤一定要测量这个尺寸。

脚踝围＝20　在踝关节处，用皮尺水平围量一周的长度。

脚跟围＝28　经过脚跟围量一周。在可穿性上必须考虑这个尺寸，尤其是瘦腿裤。如果裤口尺寸小于此尺寸，必须在裤口位置设计开口。

臂根围＝36　经过肩端点和前后腋窝点围量一周的长度。

臂围＝26　在上臂最丰满处，用皮尺水平围量一周的长度。

肘围＝23　在肘关节处，用皮尺水平围量一周的长度。

腕围＝16　在腕部用皮尺水平围量一周的长度。

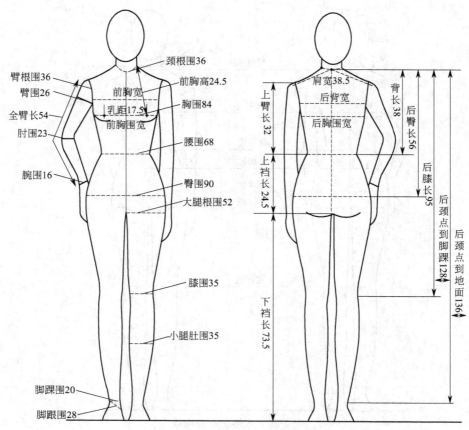

图 2-21　人体常用参考数据

长度测量

前胸高＝24.5　自侧颈点至乳点之间的距离。

背长＝38　从后颈点到腰围线的长度。

后臀长＝56　从后颈点到臀围线的长度。

后膝长＝95　从后颈点到膝围线的长度。

后颈点到脚踝＝128　从后颈点到脚踝的长度。

后颈点到地面＝136　从后颈点到地面的长度。

腰长＝18　在侧缝线上从腰围到臀围的长度。

上裆长＝24.5　坐在椅子上，从腰围线到椅面的长度。

下裆长＝73.5　裆底点至踝骨外侧凸点之间的长度。

上臂长＝32　从肩端点到肘骨凸点之间的距离。

全臂长＝54　从肩端点经过肘凸点测量至手腕的长度。

宽度测量

肩宽＝38.5　自左肩端点经过第七颈椎点测量至右肩端点的距离。

前胸宽＝30　左右前腋点之间的距离。

后背宽＝31　左右后腋点之间的距离。

前胸围宽＝35.4　从左右前腋点向胸围线作垂线，两个垂足之间的距离。

后胸围宽＝29.8　从左右后腋点向胸围线作垂线，两个垂足之间的距离。

乳距＝17.5　左右 BP 点之间的距离。

第三章
礼 服 原 型

原型，可以看作是最基础的、不带任何款式变化的平面基本型。也可以说原型是一种工具，使用时在原型的基础上进行一些改动用以绘制其他纸样，如合体度、长度、细节的设计等。正确地使用原型纸样，对每一个新款式的纸样设计就可以不用从最开始的线条画起，从而提高板型设计的效率。本章将介绍制作裙原型、双省衣身原型、单省衣身原型、袖原型的平面制图方法。一旦掌握了这些基本技能，就可很容易开发更多的设计。原型的分类如表3-1 所示。

表 3-1 原型的分类

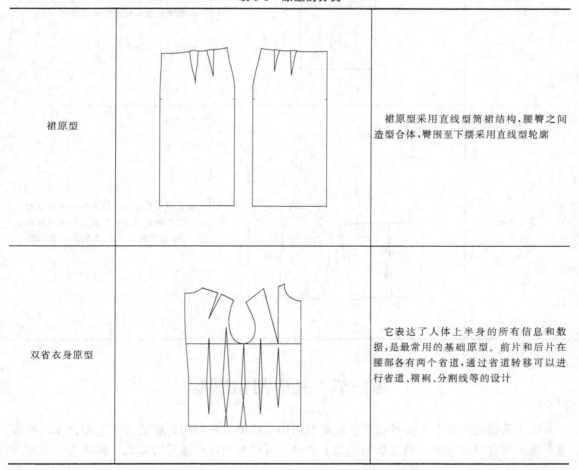

裙原型		裙原型采用直线型筒裙结构，腰臀之间造型合体，臀围至下摆采用直线型轮廓
双省衣身原型		它表达了人体上半身的所有信息和数据，是最常用的基础原型。前片和后片在腰部各有两个省道，通过省道转移可以进行省道、褶裥、分割线等的设计

续表

单省衣身原型	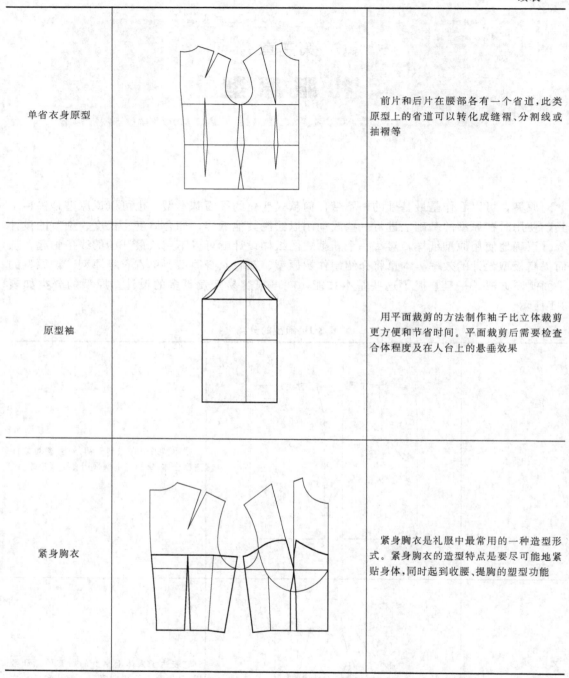	前片和后片在腰部各有一个省道,此类原型上的省道可以转化成缝褶、分割线或抽褶等
原型袖		用平面裁剪的方法制作袖子比立体裁剪更方便和节省时间。平面裁剪后需要检查合体程度及在人台上的悬垂效果
紧身胸衣		紧身胸衣是礼服中最常用的一种造型形式。紧身胸衣的造型特点是要尽可能地紧贴身体,同时起到收腰、提胸的塑型功能

第一节　礼服用裙原型

　　裙子是覆盖人体下半身的服装。裙原型采用直线型筒裙结构,腰臀之间造型合体,臀围至下摆采用直线型轮廓。通过在裙原型上改动,可以得到各种想要的款式。如图 3-1 所示。

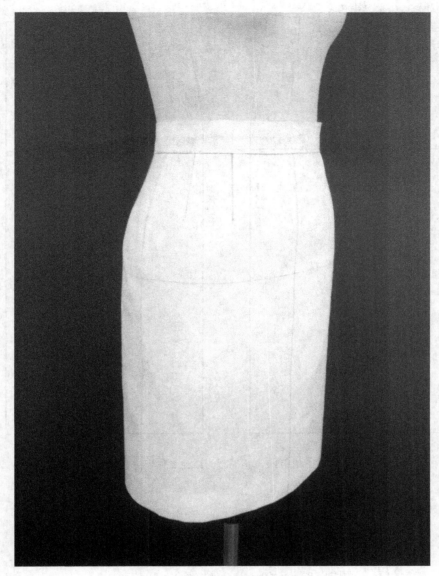

图 3-1 礼服用裙原型

一、裙原型的结构名称

裙原型的结构名称如图 3-2 所示。

二、裙原型的规格尺寸

裙原型的规格尺寸如表 3-2 所示。

表 3-2 裙原型的规格尺寸 160/84A 单位：cm

名称	腰围	臀围	裙长
人体尺寸	68	90	58(腰围至膝围)
松量	2	4	
成品尺寸	70	94	53(膝围线上 5cm)

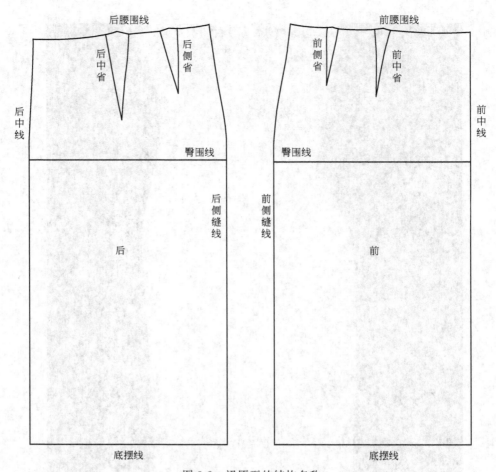

图 3-2　裙原型的结构名称

腰围　　70　　68cm＋0～2cm 松量

臀围　　94　　90cm＋4cm 放松量

裙长　　53　　裙长在膝围线上 5cm 左右

腰宽　　4

腰围 68cm＋(0～2)cm(松量)＝68～70cm

人体进食、蹲坐等动作会引起腰部尺寸的变化，如果使用无弹性的机织面料，在腰围处应该加上一定的松量，使腰部增加活动的空间。但腰围的松量不宜过多，若松量过多，静止状态时裙装外形将不够美观。从生理学角度讲，人体腰部受到 2cm 压力时，均可进行正常活动而对身体没有影响。在一般情况下，裙腰线与人体腰节位置吻合时腰围松量为 0～2cm。

臀围　90cm＋4cm(松量)＝94cm

当人体坐、蹲时，皮肤随动作发生横向变形使围度尺寸增加，因此使用无弹性的机织面料，在臀围处必须加上一定的松量。经试验得到在此种状态下臀围会扩大 3～4cm，因此礼服用原型在臀围处应加上 4cm 放松量。

裙长　53cm

设定礼服用原型的裙长在膝盖上 5cm 左右。160/84A 号型从腰围线到膝围线的距离为 58cm，因此裙长为 58cm－5cm＝53cm。

三、裙原型的制图方法

1. 做基础线

做矩形，取 $B \sim B_1(47) = (臀围＋松量)/2 = (90＋4)/2$，$B \sim L =$ 裙长（53）。如图 3-3 所示。

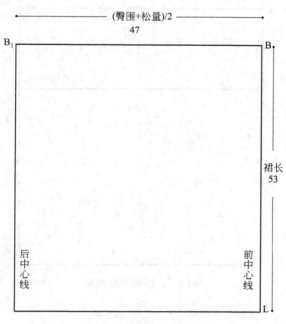

图 3-3　做基础线

2. 做臀围线

在 $B \sim L$ 上取 $B \sim G$ 为臀长，从 G 点引水平线 $G \sim G_1$，作为臀围线，$B \sim G = 18cm$。如图 3-4 所示。

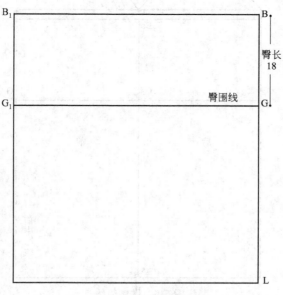

图 3-4　做臀围线

3. 做腰围辅助线

在 B～L 上取 B～A 为腰头宽/2，从 A 点引水平线 A～A₁，作为腰围线的辅助线。如图 3-5 所示。

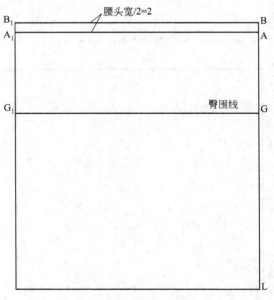

图 3-5 做腰围辅助线

4. 做侧缝线

G～G₁ 的中点为 Gs 点，从 Gs 点向下作垂线，作为侧缝线。向上与腰围线的辅助线交于 Bs，向下与下摆线交于 Ls。侧缝线把纸样分成前片和后片。侧缝线为设计线，位置并不一定在中点，可以根据款式调整，使其偏前或偏后。如图 3-6 所示。

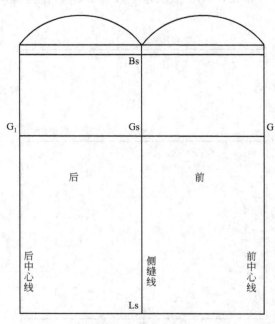

图 3-6 做侧缝线

5. 做侧缝线

从 Bs 向左右各 2cm 为 B$_2$、B$_3$ 点，从 Gs 向上 3.5cm 为 G$_2$ 点，连接 B$_2$、G$_2$ 和 B$_3$、G$_2$，并从 B$_2$、B$_3$ 分别向上延长 0.8cm，作为腰部起翘。

用圆顺的曲线画顺侧缝线。为符合人体侧面的曲线造型，侧缝线上 1/3 部分曲线内凹，下 2/3 部分曲线外凸。如图 3-7 所示。

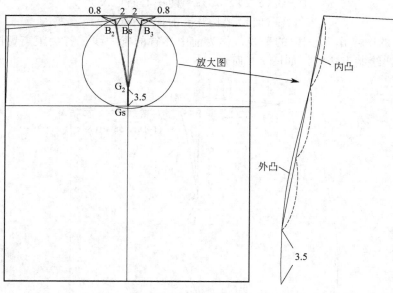

图 3-7　做侧缝线

6. 做腰口弧线

从 A$_1$ 点向下 1cm，向侧缝方向 0.5cm 为 A$_2$ 点，用圆顺的曲线连接 A$_2$、B$_4$，作为后腰口弧线。用圆顺的曲线连接 A$_2$、G$_1$，作为后中心线。用圆顺的曲线连接 B$_5$、A，作为前腰口弧线。如图 3-8 所示。

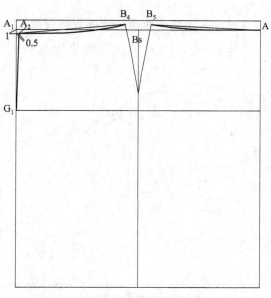

图 3-8　做腰口弧线

7. 做前中省

在 $A \sim B_5$ 上量取腰围/4+1=$A \sim T$，$T \sim B_5$ 作为前腰的省量，按如下方法分配。

$$(T \sim B_5) \times 55\% = 前中心省$$
$$(T \sim B_5) \times 45\% = 前侧缝省$$
$$T \sim B_5(3.1) = (A \sim B_5) - (腰围/4+1) = 20.1 - (68/4+1) = 20.1 - 18$$
$$T \sim B_5(3.1) \times 55\% = 前中心省(1.8)$$
$$T \sim B_5(3.1) \times 45\% = 前侧缝省(1.3)$$

从 $A \sim B_5$ 的中点作 $A \sim B_5$ 的垂线，作为前中心省的省中线，省尖距离臀围线 8cm。省道大小 1.8cm，绘制省边线。如图 3-9 所示。

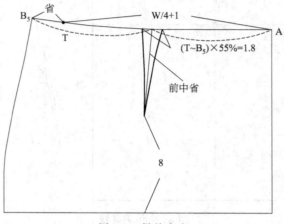

图 3-9　做前中省

注意：
- 前片省量小于 2.5cm 时可以设计单省道，否则设计双省道。
- 根据人体腹部突出的体型特点，省边线稍稍向内弧。

8. 做前侧省中线

从 $B_5 \sim B_6$ 的中点作腰口弧线的垂线，作为前腰侧省的省中线。

C_1 为 $B_5 \sim G_2$ 的中点，连接 C_1、O_1，前侧省的省中线和 $C_1 \sim O_1$ 相交。如图 3-10 所示。

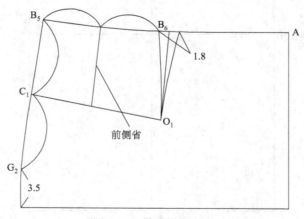

图 3-10　做前侧省中线

9. 画前侧省

省边线上 1/3 部分稍稍外凸，下 2/3 部分稍稍内弧。如图 3-11 所示。

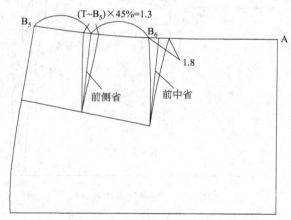

图 3-11　画前侧省

10. 做后中省

在 $A_1 \sim B_4$ 上量取腰围/4−1=$A_1 \sim T_1$、$T_1 \sim B_4$ 作为后腰的省量，按如下方法分配。

$$T_1 \sim B_4(4.6)=(A_1 \sim B_4)-(腰围/4-1)=20.6-(68/4-1)=20.6-16$$
$$T_1 \sim B_4(4.6)\times 55\%=后中省(2.6)$$
$$T_1 \sim B_4(4.6)\times 45\%=后侧省(2)$$

从 $A_1 \sim B_4$ 的中点作 $A_1 \sim B_4$ 的垂线，作为后中省的省中线，省尖距离臀围线 5cm。省道大小 2.6cm，绘制省边线。如图 3-12 所示。

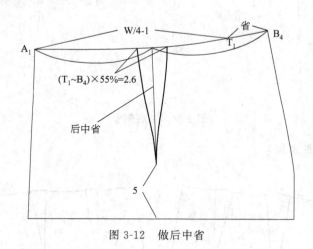

图 3-12　做后中省

注意：

● 后片省量小于 3.5cm 时可以设计单省道，否则设计双省道。
● 根据人体腹部突出的体型特点，省边线上 1/2 部分稍稍外凸，下 1/2 部分稍稍内弧。

11. 做后侧省中线

从 $B_4 \sim B_7$ 的中点作腰口弧线的垂线，作为后侧省的省中线。连接 O_2、C_2，省中线和 $O_2 \sim C_2$ 相交。如图 3-13 所示。

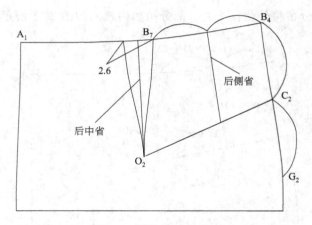

图 3-13　做后侧省中线

12. 画后侧省

省边线上 1/3 部分稍稍外凸，下 2/3 部分稍稍内弧。如图 3-14 所示。

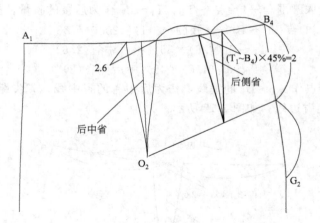

图 3-14　画后侧省

13. 修正腰口弧线（图 3-15）

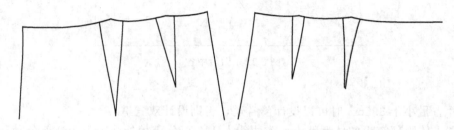

图 3-15　修正腰口弧线

14. 绘制腰头

腰头宽 4cm、长 70cm，搭门宽 3cm。如图 3-16 所示。

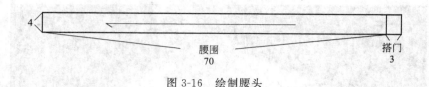

图 3-16 绘制腰头

四、裙原型完成图（图 3-17）

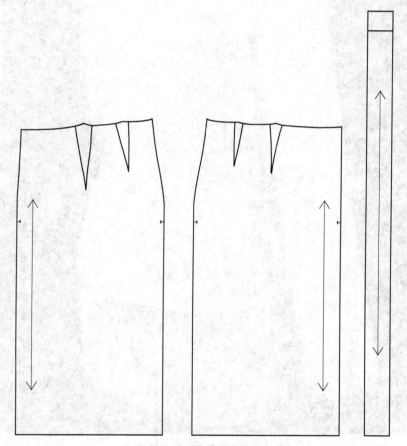

图 3-17 裙原型完成图

第二节 礼服用双省道上装原型

　　上装是指覆盖女性上半身的服装。人体最复杂的曲面集中在胸、肩、颈、腰、背、臀、手臂等部位，女上装集中了服装结构设计的精髓。因此，为了更好地研究人体与平面纸样的关系，我们建立了上装原型。如图 3-18 所示。

　　上装原型体现了人体臀围线以上部分平面展开的基本结构，它区别于人体体表的平面展开，是被高度概括并加入一定松量的、具有可操作性的平面展开结构图。上装原型是上装板型变化的基础，反映了人体与平面纸样之间的结构关系，在此基础上通过适度变化即可得到各种风格和廓形的礼服，甚至衬衫、上衣、西装、马甲或大衣，具有广泛的应用基础。

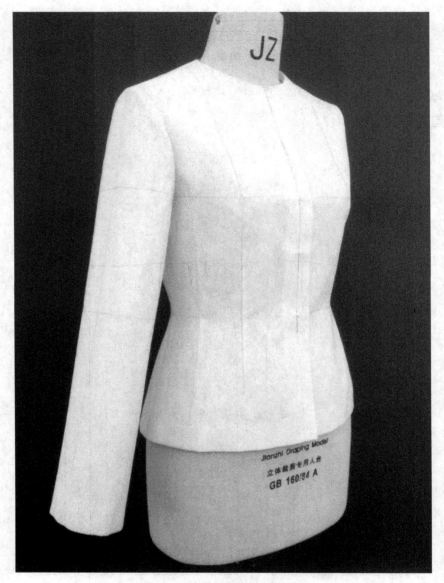

图 3-18　礼服用双省道上装原型

一、礼服用双省道上装原型各部位名称

礼服用双省道上装原型各部位名称如图 3-19 所示。

二、礼服用双省道上装原型的规格尺寸

礼服用双省道上装原型的规格尺寸如表 3-3 所示。

表 3-3　礼服用双省道上装原型的规格尺寸　160/84A　　　　　单位：cm

名称	胸围	腰围	臀围	肩宽	衣长	背长	腰长	乳高	袖隆深	前胸围宽	后胸围宽	袖隆宽	乳间距
人体尺寸	84	68	90	38	56	38	18	24.5	20.9	17.7	14.9	9.4	17.5
松量	7	4	8					0.7	0.5	0.9	2.9	1.4	0.5
完成尺寸	91	72	98	38	56		18	25.2	21.4	18.6	17.8	10.8	18

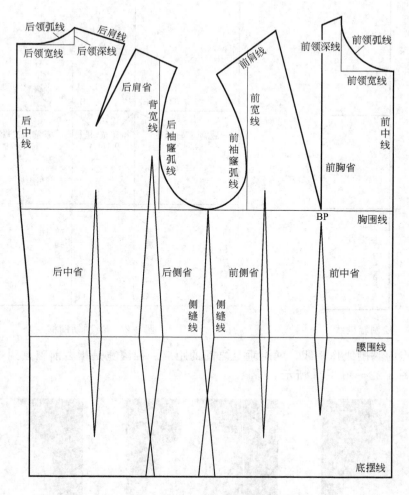

图 3-19 礼服用双省道上装原型各部位名称

三、礼服用双省道上装原型的制图方法

● 衣身的绘制

1. 绘制辅助线

绘制垂直线 A～G，在 A～G 上取 A～B 为袖窿深，A～W 为背长，W～G 为腰长。如图 3-20 所示。

2. 绘制辅助框

从 B 点向侧缝方向取后胸围宽＋松量为 B～B_1，取袖窿宽＋松量为 B_1～B_2，取前胸围宽＋松量为 B_2～B_3。

通过 B_1、B_2、B_3 向上下方向作胸围线的垂直线，依次作为后胸围线、前胸围线和前中心线。

后中心线与腰围线的交点为 W，后胸围线与腰围线的交点为 W_1，前胸围线与腰围线的交点为 W_2，前中心线与腰围线的交点为 W_3。如图 3-21 所示。

前胸围宽是指从左、右前腋点向胸围线作垂线，两个垂足之间的距离。后胸围宽是指从

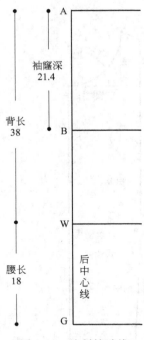

图 3-20　绘制辅助线

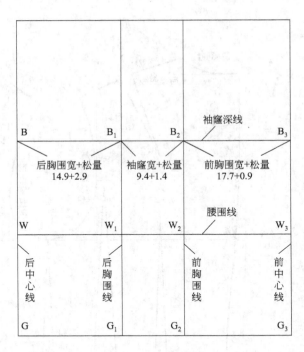

图 3-21　绘制辅助框

左、右后腋点向胸围线作垂线，两个垂足之间的距离。袖窿宽是指右前腋点到右后腋点之间的距离。如图 3-22～图 3-24 所示。

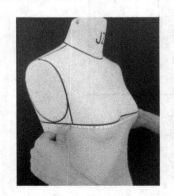

图 3-22　前胸围宽的测量方法

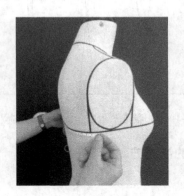

图 3-23　后胸围宽的测量方法

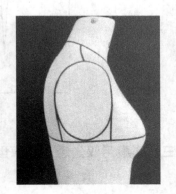

图 3-24　袖窿宽

3. 绘制侧缝线

将 $B_1 \sim B_2$ 两等分，其中心点向前中心线方向 0.5cm 为侧缝点 S，由 S 点向下作垂线。如图 3-25 所示。

4. 绘制后领口弧线

由 A 点向侧缝方向取后领口宽 7.2cm，向上取后领口深 2.1cm，用圆顺的曲线连接 A、H，作为后领口弧线。如图 3-26 所示。为后领口弧线在人台和纸样上的对比如图 3-27 所示。

5. 绘制后肩线

从 H 点作和水平方向呈 18°夹角的后肩斜线，从 A 点以肩宽/2 的长度为半径画圆弧，与肩斜线交于 K_1 点。如图 3-28 所示。

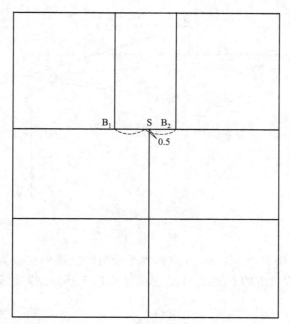

图 3-25 绘制侧缝线

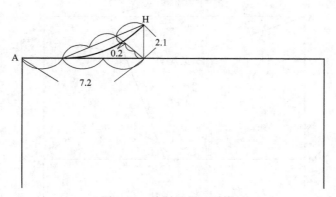

图 3-26 绘制后领口弧线

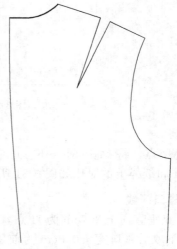

图 3-27 后领口弧线在人台和纸样上的对比

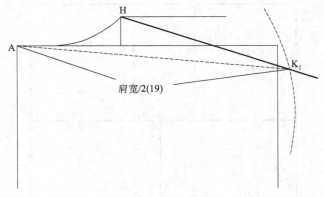

图 3-28　绘制后肩线

6. 确定肩省的位置

将 A～B 两等分，中点为 M，从 M 点作水平线与背宽线的交点为 M_1，M～M_1 的中点向侧缝方向 1cm 为肩胛骨省的省尖点 M_2。从 M_2 点向 H～K_1 作垂线，与 H～K_1 交于 M_3 点。如图 3-29 所示。

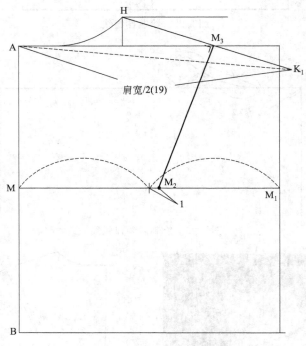

图 3-29　确定肩省的位置

7. 绘制肩省

按住 M_2 点，将 M_2～M_3～K_1 向左旋转 8°，得到虚线 M_2～M_4～K。如图 3-30 所示。肩省在人体和纸样上的对比如图 3-31 所示。

8. 绘制前领口弧线

从 A_1 点垂直向上 3.7cm 为 H 点，从 H 点向侧缝方向取后领口宽－0.4cm 为前领口宽。从 H 点向下取后领口宽＋0.3cm 为前领口深。用圆顺的曲线连接 H_1、H_2 作为前领口线。如图 3-32 所示。前领口弧线在人台和纸样上的对比如图 3-33 所示。

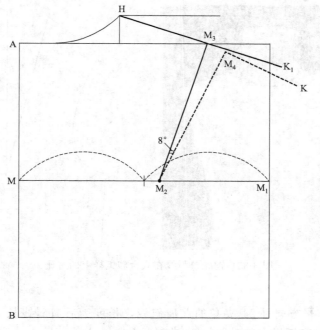

图 3-30 绘制肩省

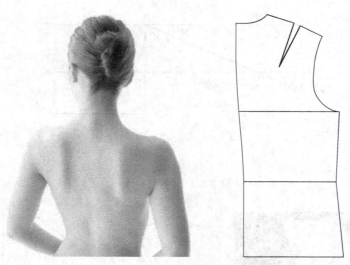

图 3-31 肩省在人体和纸样上的对比

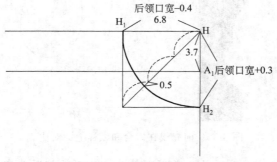

图 3-32 绘制前领口弧线

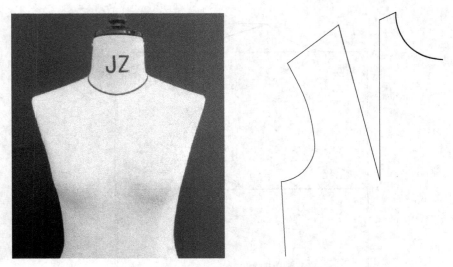

图 3-33　前领口弧线在人台和纸样上的对比

9. 绘制前肩线

从 H_1 点作和水平方向呈 24°夹角的前肩斜线，长度为后肩斜线长 −0.3cm。如图 3-34 所示。前肩线在人台和纸样上的对比如图 3-35 所示。

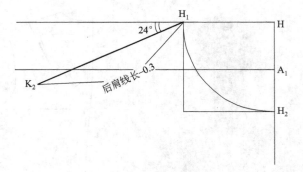

图 3-34　绘制前肩线

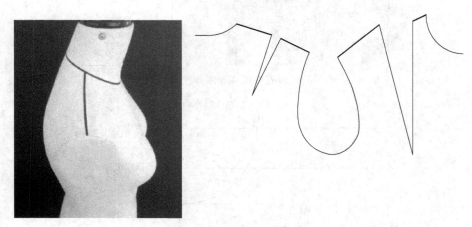

图 3-35　前肩线在人台和纸样上的对比

人体的肩斜角度前片大，后片小，前后差值为 4°～6°，前后总肩斜角度为 38°～42°。在总肩斜角度不变的情况下，调整前后肩斜角度，肩线的位置会发生变化。其实，在人体上并没有一个确切的肩线位置，所以在服装上也没有。有些纸样绘制的肩斜线位置会略向后倾，从前方不容易看到肩线，而有些纸样肩斜线会略向前倾。

10. 绘制前肩省

从 B_3 点向侧缝 9cm 为 BP 点，从 BP 点垂直向上与前肩斜线交于 V_1 点。按住 BP 点，将 $BP{\sim}V_1{\sim}K_2$ 向左旋转 $14°$，得到虚线 $BP{\sim}V_2{\sim}K'$。如图 3-36 所示。

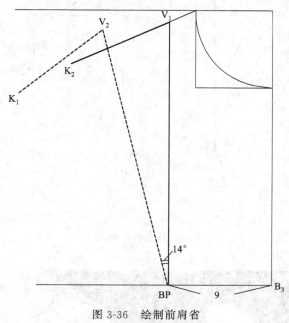

图 3-36　绘制前肩省

11. 绘制后袖窿弧线

从 B_1 点向上 7cm 为 C_1 点，用圆顺的曲线连接 K、C_1、S，作为后袖窿弧线。如图 3-37 所示。

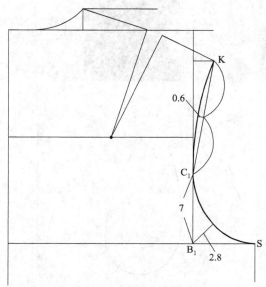

图 3-37　绘制后袖窿弧线

12. 绘制前袖窿弧线

从 B_2 点向上 4.5cm 为 C_2 点，用圆顺的曲线连接 K'、C_2、S，作为前袖窿弧线。如图 3-38 所示。袖窿弧线在人台和纸样上的对比如图 3-39 所示。

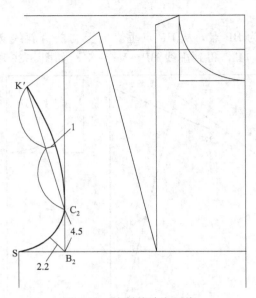

图 3-38　绘制前袖窿弧线

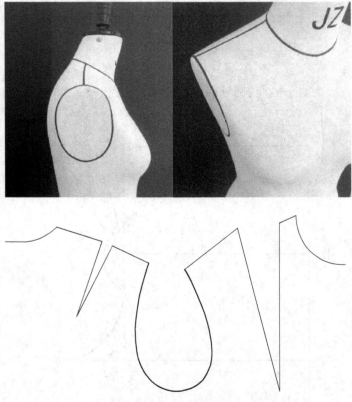

图 3-39　袖窿弧线在人台和纸样上的对比

袖窿的形状为斜向的椭圆形。在袖窿底部,前袖窿弧线挖得深些,后袖窿弧线挖得浅些,这样可以在后袖部分留有更多的空间,便于手臂自由地向前运动。前袖窿弧线挖得深,可以使前腋下没有多余的量,保证服装正面的美观。

省的绘制内容如下。

13. 绘制后中省

从 B 点向侧缝方向 0.7cm 为 B_4 点,从 W 点向侧缝方向 1.8cm 为 W_4 点,从 G 点向侧缝方向 2cm 为 G_4 点,连接 B_4、W_4、G_4。如图 3-40 所示。

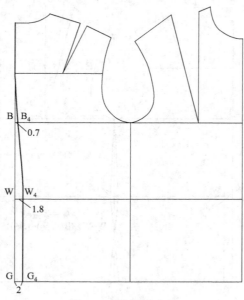

图 3-40 绘制后中省

14. 绘制侧缝省

在侧缝线上收 1.5cm 的省道,臀围的交叉量为 2cm。如图 3-41 所示。

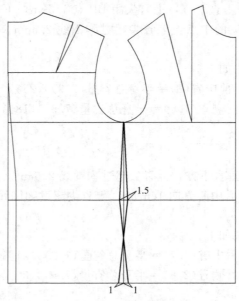

图 3-41 绘制侧缝省

15. 确定腰省的大小

$$总省量＝身幅－（腰围＋4cm 松量）＝94.4－（68＋4）＝22.4cm$$

$$身幅＝[（后胸围宽＋松量）＋（袖窿宽＋松量）＋（前胸围宽＋松量）]×2$$

$$＝[（14.9＋2.9）＋（9.4＋1.4）＋（17.7＋0.9）]×2＝94.4$$

半身总省量＝总省量/2－后中心省 1.8cm－侧缝省 1.5cm＝22.4/2－1.8－1.5＝7.9cm。如图 3-42 所示。

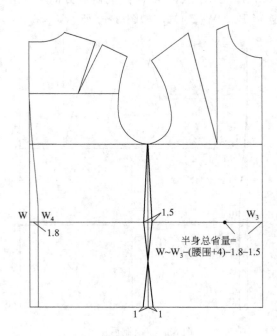

图 3-42　确定腰省的大小

16. 绘制前片腰省

前中省设置在 BP 点的垂直下方，上省尖距 BP 点 1.5cm，下省尖距臀围线 8cm。

前侧省设置在 $W_5 \sim W_6$ 的中点，上省尖超过胸围线 2.5cm，前侧省在臀围线上的交叉量为 0.4cm。

前片腰省量的分配方法如下。

$$前中省（2）＝半身总省量（7.9）×25\%$$

$$前侧省（1.4）＝半身总省量（7.9）×18\%$$

如图 3-43 所示。

17. 绘制后片腰省

后中省设置在 M 点的垂直下方，上省尖超过胸围线 2.5cm，下省尖距臀围线 5cm。

后侧省设置在 C_1 点向后中心方向 1cm 处，上省尖超过胸围线 7cm，后侧省在臀围线上的交叉量为 1cm。

后片腰省量的分配方法如下。

$$后中省（1.7）＝半身总省量（7.9）×21\%$$

$$后侧省（2.8）＝半身总省量（7.9）×36\%$$

如图 3-44 所示。

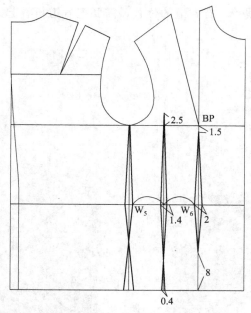

图 3-43 绘制前片腰省

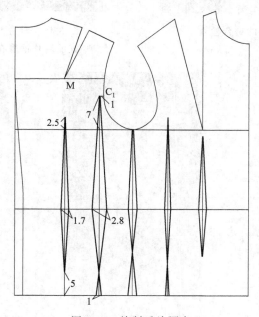

图 3-44 绘制后片腰省

四、平面纸样的检验

1. 检验长度

检验所有缝合线的关系是否正确。有的缝合线要等长，比如省的两条省边线、侧缝线；有的缝合线中包含缩缝量，就要看两条线的关系是否正确，比如前后肩线，后肩线中有 0.3cm 的缩缝量。

2. 检验对合拼接部位是否圆顺

当两个衣片缝合在一起时，所有的拼合接缝处都需要修顺，比如前后片领口弧线，袖窿的肩端点、腋下部分、下摆线等。有省道的位置，需要把省道折叠起来再修顺。如图 3-45～图 3-49 所示。

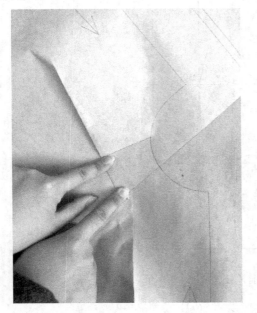

图 3-45　领口弧线的拼合检查

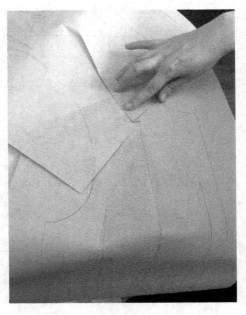

图 3-46　对合前后片肩线，拼合检查前后片袖窿在肩端部分是否圆顺

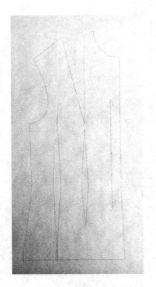

图 3-47　绘制好前片纸样

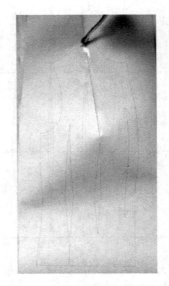

图 3-48　合并省道并用胶带粘好，用滚轮重新画一条直线

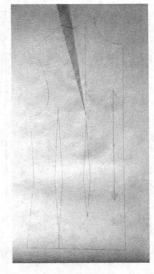

图 3-49　打开省道，沿滚轮留下的小孔印记绘制省折线

五、坯布试样

坯布试样是纸样设计必不可少的一个环节，制作坯布样衣可以帮助样板师确认纸样是否符合设计或款式图，还可以帮助样板师做必要的调整。制作坯布样衣要选择和最终制作的服装面料类似的织物，通常采用白棉布。白棉布价格合理，而且有不同的厚度可以选择。样衣制作完成后，通常在人台或真人上试穿。

① 检验长度。分别从正面、后面、侧面观察服装长度是否一样。

② 检验松量。检查胸围、腰围、臀围松量是否合适，前宽、后宽是否合适。

③ 检验前后中心线。前后中心线应该垂直于地面。如果出现歪斜，有可能是裁剪时纱向没有对正。

④ 检验领口。检查颈侧点和人体颈部两侧的距离是否合适。

⑤ 检验肩线。观察肩线的位置和预想的位置是否偏离得太多。

⑥ 检验袖窿。在人台上试样时，观察袖窿开深的位置是否合适；请模特试样时，观察当手臂运动时是否有不舒服的感觉。

⑦ 省道。观察人体的胸部是否绷紧或留的空间太大。省道太大会出现绷紧的效果，省道太小会在胸部产生余量。适当调整省道大小，使服装更平服地穿在人体上。

第三节　礼服用单省道上装原型

单省道原型是在双省道原型的基础上演化而来的。单省道原型前片和后片各有一个腰省，原来的前侧省和后侧省分散到侧缝及前中省和后中省里。如图 3-50 所示。

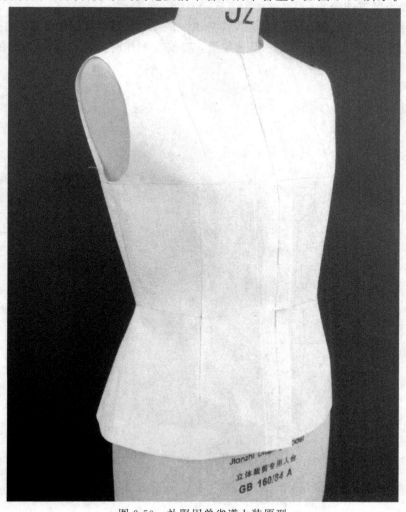

图 3-50　礼服用单省道上装原型

一、礼服用单省道上装原型的规格尺寸

礼服用单省道上装原型的规格尺寸如表 3-4 所示。

表 3-4　礼服用单省道上装原型规格尺寸　160/84A　　　　单位：cm

名称	胸围	腰围	臀围	肩宽	衣长	背长	腰长	乳高	袖窿深	前胸围宽	后胸围宽	袖窿宽	乳间距
双省原型	91	72	98	38	56		18	25.2	21.4	18.6	17.8	10.8	18
单省原型	92	74	98	38	56		18	25.2	21.4	18.6	17.8	10.8	18

二、礼服用单省道上装原型的制图步骤

1. 制图准备

准备好礼服双省原型，在双省原型的基础上通过旋转等方法，演变成礼服单省原型。

2. 旋转后片腰线以上部分

以 C_1' 点为基点，向后中方向转动虚线部分 $C_1' \sim D \sim W_5' \sim S \sim C_1$，使后侧省减少 1cm。如图 3-51 所示。

3. 旋转后片腰线以下部分

以 E 点为基点，向后中方向转动虚线部分 $E \sim F \sim W_5' \sim D$，使后侧省减少 1cm。

注意：后侧片在腰围线处产生一点重叠量，需要在制作时拔开。如图 3-52 所示。

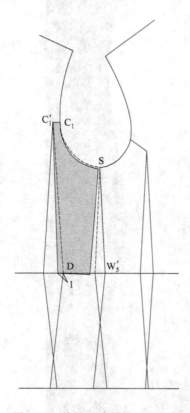

图 3-51　旋转后片腰线以上部分

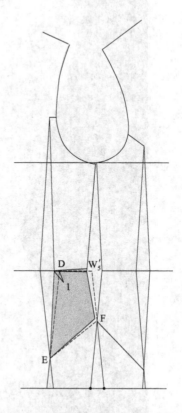

图 3-52　旋转后片腰线以下部分

4. 旋转前片腰线以上部分

以 C_2' 点为基点，向前中方向转动虚线部分 $C_2' \sim W_7 \sim W_7' \sim S \sim C_2$，使前侧省减少 1cm。如图 3-53 所示。

5. 旋转前片腰线以下部分

以 E' 点为基点，向前中方向转动 $E' \sim F \sim W_7' \sim W_7$，使前侧省减少 1cm。

注意：前侧片在腰围线处产生一点重叠量，需要在制作时拔开。如图 3-54 所示。

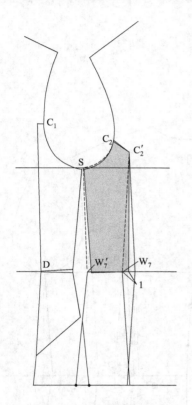

图 3-53　旋转前片腰线以上部分

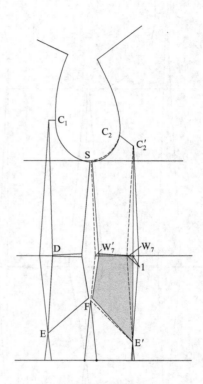

图 3-54　旋转前片腰线以下部分

6. 调整袖窿弧线

转动侧片后，前后袖窿底均有下降，前袖窿底下落量稍多于后袖窿底，取前后落差的中点，画顺袖窿弧线。如图 3-55 所示。

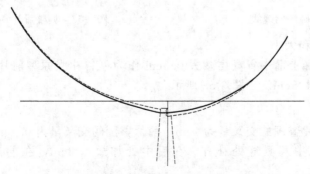

图 3-55　调整袖窿弧线

7. 画顺侧缝线（图 3-56）

8. 调整后片省道位置和大小

后侧省剩余省量加上后中省量再减去 0.5cm 作为单省礼服原型后片腰省，把后片腰省向侧缝方向水平移动 1.5cm，调整上部省尖点，超过胸围线 4.5cm。如图 3-57 所示。

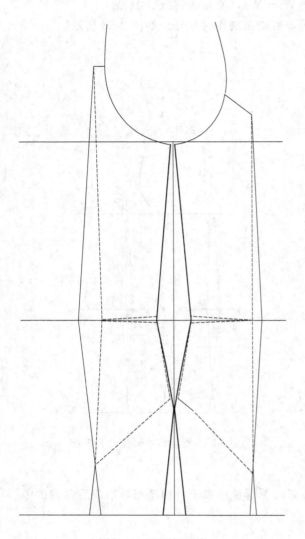

图 3-56　画顺侧缝线

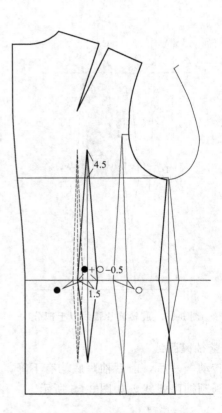

图 3-57　调整后片省道位置和大小

9. 调整前片省道位置和大小

前侧省剩余省量加上前中省量再减去 0.5cm 作为单省礼服原型前片腰省，把前片腰省向侧缝方向水平移动 1.5cm。如图 3-58 所示。

10. 调整侧缝

单省礼服原型后片臀围的交叉量为 1cm，前片臀围的交叉量为 0.4cm，旋转后此量被减掉了，所以需要在后中及侧缝处补齐。在后中处加放 0.3cm，在前后片侧缝处各加放 0.55cm。如图 3-59 所示。

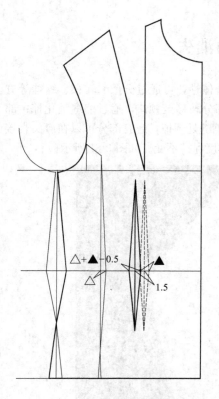

图 3-58　调整前片省道位置和大小

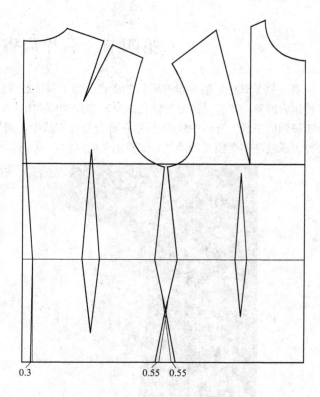

图 3-59　调整侧缝

三、礼服用单省道上装原型完成图（图 3-60）

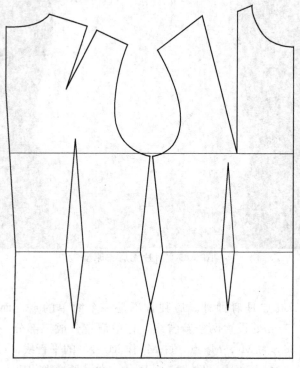

图 3-60　礼服用单省道上装原型完成图

第四节　后片肩省的消失

在一些款式中，后片没有明确的肩省。为了保证后片的合体性，可通过分散、转移、缩缝等方式转化后肩省：肩省量部分转移到袖窿，作为袖窿的松量；部分转移至领口，通过缩缝消化掉；部分转移到后中线（有后中缝的款式）；部分放在肩线中，通过缩缝处理掉；还有部分可以在肩头直接去掉。通过在多个位置的处理，肩省消失的同时，原型的立体度保持不变。如图 3-61 所示。

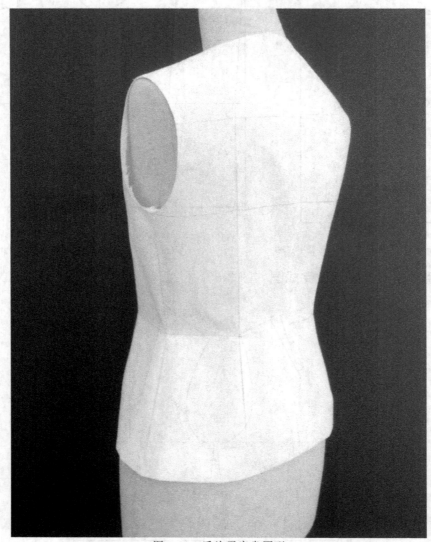

图 3-61　后片无肩省原型

1. 设置省线

对于后片来说，最高点是肩胛骨。肩胛骨不是一个简单的点，而是一个矩形区域。因此，在 M 点左右各 2.5cm 处设置两条新省线，把原肩省分成三部分。

① M 点左右各 2.5cm 为 M_4、M_5 点，过 M_4 作 $M\sim N_1$ 的平行线，过 M_5 作 $M\sim N_2$ 的平行线。把肩省等分成 4 份，$M_4\sim M_4'$ 占一份，$M_5\sim M_5'$ 占一份，原肩省位置占 2 份。如图 3-62 所示。

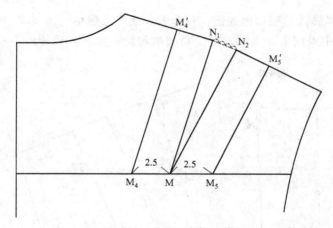

图 3-62 设置三条新省线

② 以 M_4 为基点，向袖窿方向转动 $M_4 \sim M_4' \sim N_1 \sim M$，把肩省/4 转到 c 处。

③ 以 M_5 为基点，向后中心方向转动 $M_5 \sim M_5' \sim N_2 \sim M$，把肩省/4 转到 b 处。

这样，就把原肩省分散在 a、b、c 三个位置③。如图 3-63 所示。

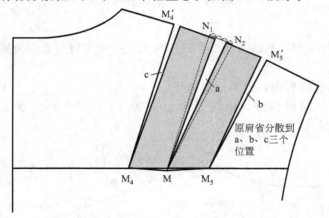

图 3-63 分散肩省到 a、b、c 处

2. 把 b 位置的省量转移到袖窿处作为袖窿的活动量

以 M_5 为基点，向上转动 $M_5 \sim M_2 \sim K \sim M_5'$，把 b 位置的省道转到袖窿。如图 3-64 所示。

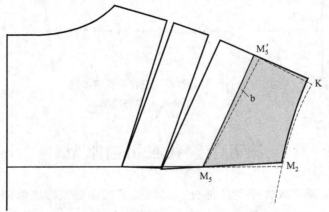

图 3-64 把 b 位置的省量转移到袖窿处作为袖窿的活动量

3. c 位置省量的一半转入后领口做缩缝，一半转入后中心线中

从 $M_1 \sim M_4$ 的中点向上作垂线，把 C 位置的省量一半转入后领口，一半转入后中心线。如图 3-65 所示。

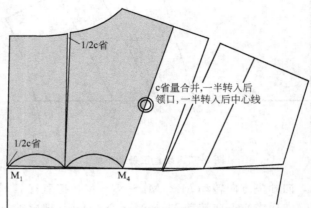

图 3-65　c 位置省量的一半转入后领口做缩缝，一半转入后中心线中

4. 做缩缝处理

原省量位置还剩一半，把这部分省量分成两份，一份在肩头直接去掉，一份在肩线上做缩缝处理。

① 从 K 点减掉原肩省/4，画顺袖窿弧线。

② 在 $F_1 \sim F_2$ 之间做缩缝，缩缝量为原肩省/4。F_1 距 SNP 点 2.5cm，F_2 距 K 点 2.5cm。如图 3-66 所示。

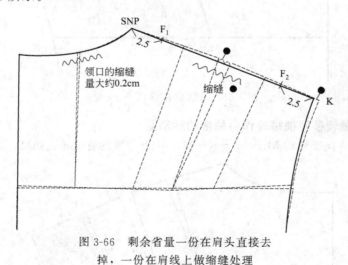

图 3-66　剩余省量一份在肩头直接去掉，一份在肩线上做缩缝处理

第五节　礼服用袖原型

袖子是指服装上覆盖人体手臂的部分。制作袖子纸样必须考虑如何与袖窿匹配。如图 3-67 所示。

一、礼服用袖原型各部位名称（图 3-68）

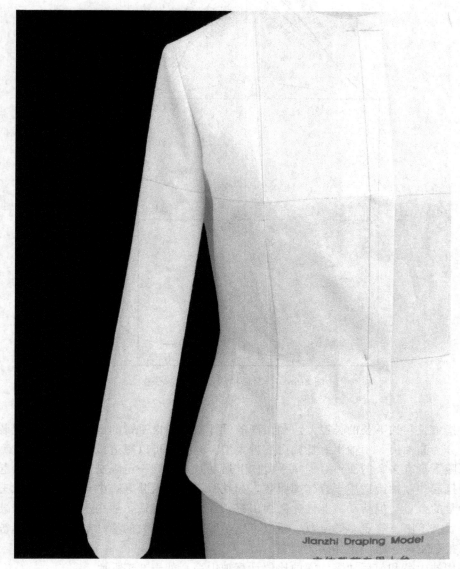

图 3-67　礼服用袖原型

二、礼服用袖原型的规格尺寸

　　绘制袖原型需要 5 个基础数据：袖长、袖肘线的定位、袖山高、袖肥、袖口。

　　此外，袖山吃势、装袖形式等都会影响袖子造型。

1. 袖长 57cm

2. 袖肘线的定位

　　袖肘线的定位有如下几种方法。

- 从袖山顶点向下 32cm；
- 把袖下缝两等分，在等分点向上 1.5～2cm 处；
- 在人体腰围线位置。

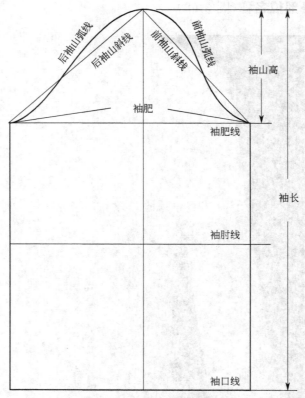

图 3-68 礼服用袖原型各部位名称

3. 袖山高

袖山指袖长与袖下长的长度差。袖山高的设计需要考虑手臂的运动机能性及服装的合体度，一般分为高袖山、中袖山、低袖山三种类型。高袖山可以塑造出较好的服装造型，在静止状态下腋下没有多余的面料，但在手臂向上运动时会受到一定限制，手臂稍稍抬起，侧缝线就会被拉起。高袖山适用于合体类服装，如礼服、修身西装等；中袖山在静止状态下会在腋下有少量的余量，但活动机能性比高袖山好，穿着会更舒适，适用于半合体类服装；低袖山在静止状态下腋下有更多的余量，所以可以给服装提供更大的活动空间，在侧缝被拉起前手臂可以抬起更高，适用于休闲类服装。

可以用袖山高和前后袖窿均深的比值计算袖山高。如表 3-5 所示。

表 3-5 袖山高参考数值   单位：cm

高袖山	时尚类西装袖	5/6 袖窿均深＋0.5
中袖山	普通西装袖	4/5 袖窿均深±1
	衬衫袖	2/3 袖窿均深±1.5
低袖山	蝙蝠衫、夹克	1/3 袖窿均深±3

4. 袖肥

袖肥和袖山高的关系是：在袖山弧线长度不变的前提下，袖山越高，袖肥越小。为满足人体的活动量，袖肥在上臂围的基础上要加 4～5cm 的松量。

5. 袖口

袖口的尺寸要考虑手掌的围度。大部分成年女性的手掌围度在 20～22cm，因此袖口围的设定必须考虑手能够自由地进出。当袖口尺寸较小时，可以在手腕处设计开衩。

6. 袖山吃势

　　一般来说，袖山弧线比袖窿弧线大，差值即为袖山吃势，可用来塑造人体肩部的造型。吃势量的大小取决于袖子的类型和所用面料的性能。

　　薄真丝面料：吃缝量 1.5cm。

　　花呢面料：吃缝量 3.5cm。

　　无弹性的 PVC 面料：吃缝量 2cm。

7. 装袖形式

　　装袖形式可以分成肩压袖和袖压肩。

三、礼服用袖原型的制图方法

1. 制图前的准备

　　测量前后袖窿弧线长，并复制前后袖窿弧线、胸围线、侧缝线。如表 3-6 所示。

表 3-6　前后袖窿弧长　　　　　　　　　　　　　　　　单位：cm

前袖窿弧长（前 AH）	20.8
后袖窿弧长（后 AH）	21.8

2. 确定袖山高

　　礼服用袖原型属于合体袖型，采用高袖山。

　　从 SP_2 点引水平线与袖中线相交于 P_2，从 SP_1 点引水平线与袖中线相交于 P_1，把 $P_1 \sim P_2$ 的中点 A 到 S 的距离等分成 6 份，取 $5/6A \sim S+0.5$ 作为袖山高，0.5 为调节量。如图 3-69 所示。

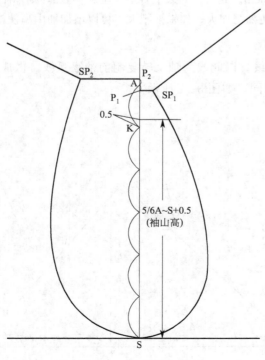

图 3-69　确定袖山高

3. 确定袖肥

由 K 点向左偏移 1cm 为 K′ 点，从 K′ 点向前袖肥线取斜线长等于前 AH−0.5＝20.3cm。0.5 是调整量，是为了调整这条直线变成曲线后增加的长度。这个数值可以根据袖窿曲线的长短调整。用同样的方法，由 K′ 点向后袖肥线取斜线长等于后 AH＋0.5＝22.3cm。如图 3-70 所示。

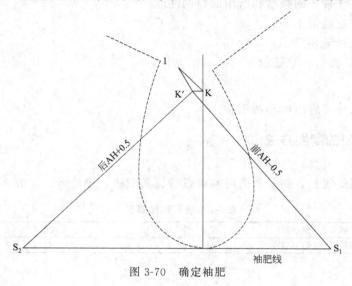

图 3-70　确定袖肥

4. 检查袖肥

$S_1 \sim S_2$ 的距离为袖肥，以此尺寸与规格尺寸表中的臂围尺寸进行对照。如果采用无弹性的梭织面料，袖肥要在上臂最大围的基础上加松量。一般袖肥松量占胸围松量的 2/3，例如胸围松量为 7cm 时，袖肥松量为 4.6cm。此时，如果上臂最大围为 26cm，则袖肥应为 30.6cm 左右。如果袖肥小，可以降低袖山高使袖肥加大；如果袖肥大，可以增加袖山高使袖肥减少。

5. 绘制前袖山弧线

$S \sim S_1$ 的中点画垂直线。以此线为轴反转复制前袖窿弧线。做成的袖山弧线在腋下部分要保证和袖窿弧线形状相同。如图 3-71 所示。

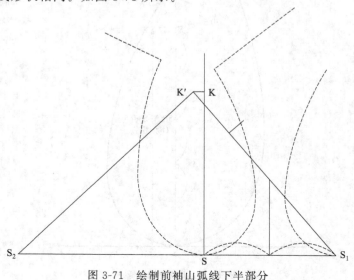

图 3-71　绘制前袖山弧线下半部分

K～S_1 等分成四份，从上 1/4 点作前袖山斜线的垂直线，取 1.7cm 的长度，从 1/2 点向下 1.5cm 作为袖山弧线的转折点。经过 K 点、两个新定位点及袖山底部画圆顺前袖山弧线。如图 3-72 所示。

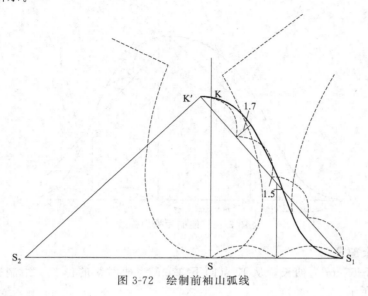

图 3-72　绘制前袖山弧线

6. 绘制后袖山弧线

S～S_2 的中点画垂直线。以此线为轴反转复制后袖窿弧线。如图 3-73 所示。

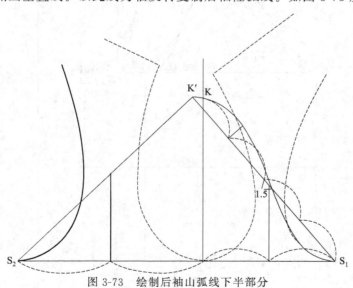

图 3-73　绘制后袖山弧线下半部分

K'～S_2 等分成三份，从上 1/3 点作后袖山斜线的垂直线，取 1.8cm 的长度，经过 K' 点、新定位点及袖山底部画圆顺后袖山弧线。如图 3-74 所示。

7. 检查和调整袖山弧线的长度

测量前后袖山弧线的长度，此长度和前后袖窿弧线长度的差值为缩缝量。根据面料的特性及款式特点，判断缩缝量是否合适。如果长度差小，可以相应地增大袖肥；如果长度差大，可以试着调整弧线。如果这样还不能达到要求，就需要重新调整袖山的高度。

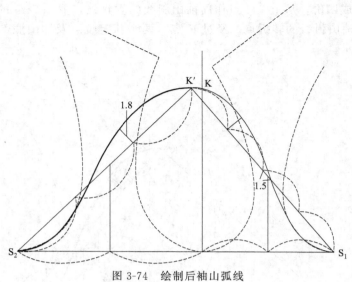

图 3-74 绘制后袖山弧线

8. 绘制袖子其余部分

从 K 点向下 57cm 为袖长，从 K 点向下 32cm 为袖肘线的位置，绘制完成袖子其余部分。如图 3-75 所示。

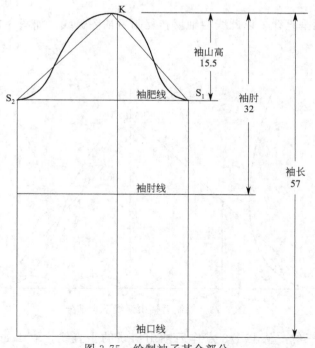

图 3-75 绘制袖子其余部分

第六节 紧 身 胸 衣

紧身胸衣是礼服中最常用的一种造型形式。紧身胸衣的造型特点是要尽可能地紧贴身体，同时起到收腰、提胸的塑型功能。如图 3-76 所示。

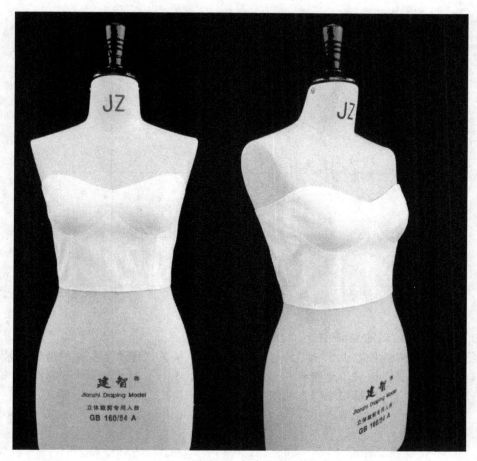

图 3-76　紧身胸衣

制作紧身胸衣，需要增加两个测量部位：胸上围和胸下围。

胸上围：这个尺寸会使面料和胸部的曲线尽可能地贴合。

胸下围：这个尺寸可以较精确地调整胸部轮廓，有助于重塑、凸显胸型。

紧身胸衣的制作一般要配合鱼骨。根据款式的不同，可以把鱼骨放在抽带管中或直接缝在缝份里。

一、紧身胸衣的规格尺寸

紧身胸衣的规格尺寸如表 3-7 所示。

表 3-7　紧身胸衣的规格尺寸 160/84A　　　　　　　　　　单位：cm

类型	胸围	腰围
原型	91	72
紧身胸衣	87	68

二、紧身胸衣的制图方法

1. 复制原型

复制原型腰围线以上部分。如图 3-77 所示。

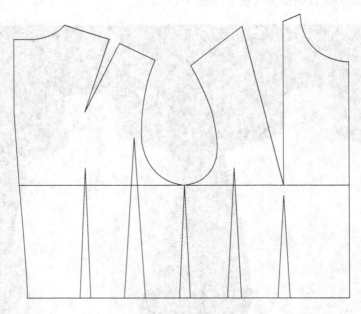

图 3-77　复制原型

2. 调整胸围尺寸并绘制抹胸曲线

　　从前、后片侧缝处各减少 1cm，并向上延长 3cm，按款式图绘制抹胸的造型。紧身胸衣的上胸口距胸点 7cm，下胸口距胸点 6cm，上胸口弧线为设计线，设计得过高会显得保守，设计得过低视觉上会产生不安全感。如图 3-78 所示。

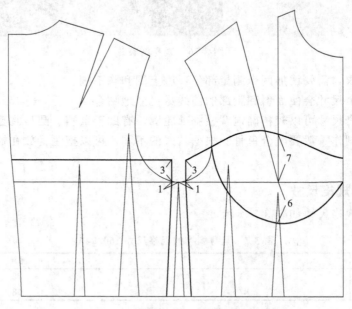

图 3-78　调整胸围尺寸并绘制抹胸曲线

3. 调整下胸围尺寸

　　为了增加上胸围和下胸围的合体度，在上胸围处增加 0.5cm 的省量，在下胸围处增加

1cm 的省量。如图 3-79 所示。

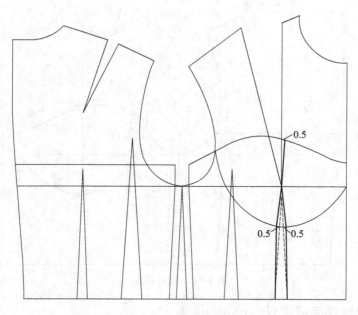

图 3-79　调整下胸围尺寸

4. 修顺罩杯曲线

用圆顺的曲线连接省道，并修顺上胸围和下胸围曲线。调整后片腰省长度，使之和上胸围线相交。如图 3-80 所示。

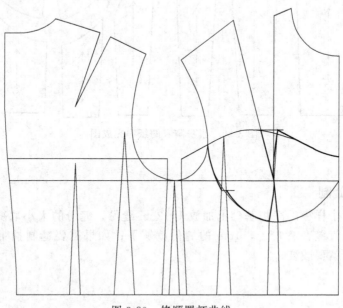

图 3-80　修顺罩杯曲线

5. 转移省道

旋转阴影部分，合并此处的省道。如图 3-81 所示。

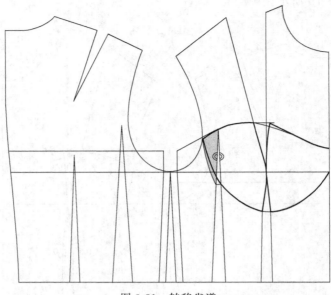

图 3-81　转移省道

三、紧身胸衣的纸样完成图（图 3-82）

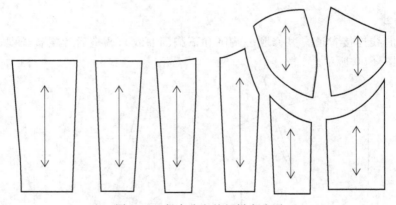

图 3-82　紧身胸衣的纸样完成图

四、紧身胸衣的缝制

　　在紧身胸衣每个样板的净板基础上加放 1～2cm 缝份，缝份的大小取决于缝纫鱼骨的方法。如果直接把鱼骨缝在缝份上，1cm 的缝份就够了；如果需要缝制抽带管，把鱼骨穿入其中，缝份的宽度就要改变。

第四章
礼服纸样设计实例

第一节　礼服裙的版型变化

　　礼服的下半身以裙装为主，既可以与上半身相连，也可以与上半身分开。无论哪种形式，裙子版型变化的基本原理都是不变的，裙子的款式设计都是在其廓型的基础上展开的。裙子的廓型依据裙摆的宽度进行划分，其基本形态为 H 型、A 型、斜裙、半圆裙、整圆裙和鱼尾裙。下面就以裙原型为基础，介绍裙装的几种基本变化。

1. 紧身裙（图 4-1）

　　紧身裙在原型裙的基础上收紧下摆。长度在膝围左右的一步裙裙摆收紧量为 12cm，一半纸样为 6cm，按如下方法分配。

　　在后中心线上先收取 1cm，剩余量的 40% 在后片后侧省处收取，20% 在侧缝处收取，40% 在前片侧缝省处收取。如图 4-2 所示。

　　旋转阴影部分，收紧下摆。在侧缝处会打开一定的量，缝制时做缩缝处理。如图 4-3 所示。

　　根据面料的特性，如果此量过大，通过吃缝工艺不能处理掉，就要在样板上直接去掉。如图 4-4 所示。

2. 鱼尾裙（图 4-5）

　　在众多礼服廓型中鱼尾裙最别具一格，尤其体现女性胸、腰、臀三围的曲线造型关系。鱼尾裙腰部、臀部及大腿中部呈合体造型，勾勒出女性从腰到臀直至修长大腿的曼妙曲线。下部在膝围上方散开展成鱼尾状。鱼尾裙从视觉上能很好地修饰身形，线条流畅，充分凸显女性的优雅。

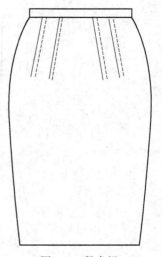

图 4-1　紧身裙

　　鱼尾裙膝围的处理：鱼尾裙最瘦的位置按设计要求有所不同，但从功能性和美观性上考虑，一般在膝围线上 10～13cm 处最佳。此位置的围度收紧，一般比臀围小 12～14cm。

　　分割线的处理：分割线可以从省尖垂直画到下口线，为了美观也可以左右偏移 1～2cm。如果前中有破缝分割线可以向侧缝方向偏移，如果前中无破缝分割线可以向前中方向偏移，后片处理方式相同。

　　省量的处理：对于八片鱼尾裙，前片的侧省一部分在侧缝收掉，一部分和前中省合并放在分割线中。后片的侧省一部分在后中线处收掉，一部分在侧缝处收掉，一部分和后省合并放在分割线中。

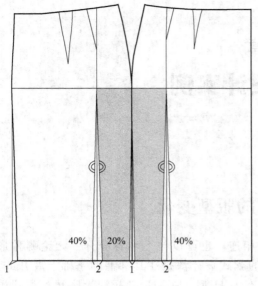

图 4-2　设置下摆收紧量

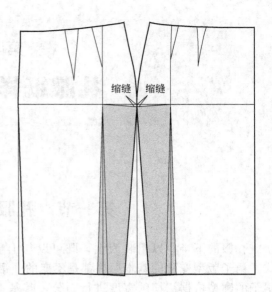

图 4-3　旋转纸样

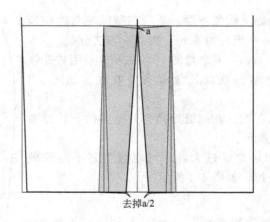

图 4-4　去掉多余量

鱼尾的处理：鱼尾裙的美不仅体现在腰、臀的贴体设计，还表现在鱼尾裙摆所散开的位置、方式与形状。裙摆从收紧处向下呈喇叭状打开，增加的摆量可以根据设计及面料的性质自由设定。如图 4-6 所示。

鱼尾裙造型的变化如下。

在主体廓型不变的情况下，通过改变裙身结构线的延伸方向，可以拓展出多种款式。

横向分割：横向分割可以在大腿中部和膝围线之间确定一条分割线，分割线的高低是影响鱼尾裙造型的重要因素。依据鱼尾裙摆散开的角度和程度，裙摆版型形状各异，多呈扇形和环形。如图 4-7 和图 4-8 所示。

竖向分割：竖向分割指鱼尾裙裙身的分割线在视觉上呈竖直状态，即分割线和前后中心线、侧缝线呈水平状态。在面料弹性和柔软度允许的情况下衣片可少至两片，随面料弹性的减少，衣片数要相应增加，最多可达 16 片。目前大多采用的是六片、七片竖向分割和横向分割结合的结构设计方法。如图 4-9 和图 4-10 所示。

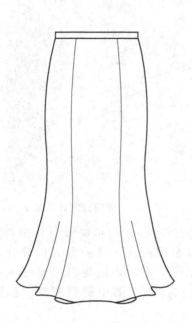

图 4-5　鱼尾裙

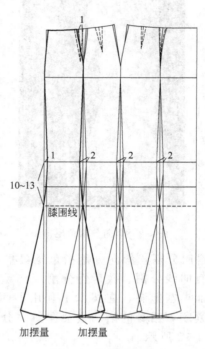

图 4-6　鱼尾裙纸样

图 4-7　横向分割鱼尾裙 1

图 4-8　横向分割鱼尾裙 2

图 4-9　竖向分割鱼尾裙 1

图 4-10　竖向分割鱼尾裙 2

　　斜向分割：斜向分割指鱼尾裙裙身的分割线和前后中心线、侧缝线呈一定角度，常见的有曲线分割、放射性分割、45°斜裁方式分割等多种方式。这种方式的设计在视觉上更加丰富饱满，在技术上利用了面料斜丝的拉伸与悬垂性，裙身看似紧裹人体，但绝不紧绷，裙身的活动量会在斜向分割各衣片缝制成型的空间中得到释放。如图 4-11 和图 4-12 所示。

图 4-11　斜向分割鱼尾裙 1

图 4-12　斜向分割鱼尾裙 2

设计分割：设计分割特指鱼尾裙结构设计的非传统型。如做 U 型、V 型等新型分割线的分割，设计师可充分发挥想象力和创造力，颠覆鱼尾裙的传统结构特征，推陈出新、另辟蹊径创造新的鱼尾裙效果。如图 4-13 和图 4-14 所示。

图 4-13 设计分割鱼尾裙 1

图 4-14 设计分割鱼尾裙 2

图 4-15 A 型裙

3. A 型裙（图 4-15）

A 型裙的裙摆在原型裙基础上扩大展开，在礼服中属于常见的裙型。按照裙摆展开的大小，可以分为小 A 型裙、中 A 型裙、大 A 型裙。A 型裙的纸样设计一般是在基础纸样上直接加放裙摆扩大量，或者通过把腰省量转移至裙摆，或者通过设置剪开线加入裙摆量等方法扩展裙摆。

小 A 型裙在裙原型基础上合并一个省道，使裙摆扩展。如图 4-16 所示。

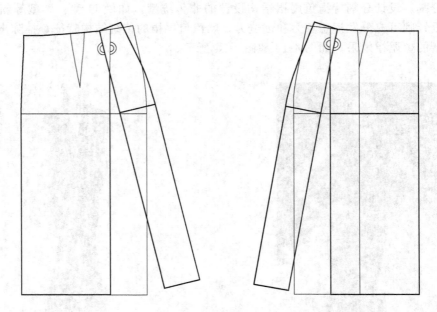

图 4-16　小 A 型裙纸样

中 A 型裙在裙原型基础上合并两个省道，使裙摆扩展。如图 4-17 所示。

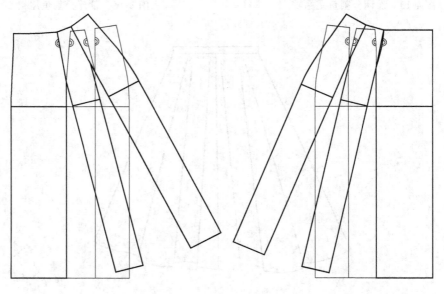

图 4-17　中 A 型裙纸样

如果当两个省量均转入下摆后，下摆量还不能达到设计量，则可以继续展开纸样，将下摆加至需要量。如图 4-18 所示。

当下摆展开后，越靠近侧缝面料越接近斜纱。由于面料本身的悬垂性及重力的影响会下垂变长，所以根据面料的质地要去掉一定的量。一般较硬挺的面料去掉0.5cm 或不用去掉，柔软的面料去掉 1cm，悬垂性很好的面料去掉 1.5～2cm。如图4-19 所示。

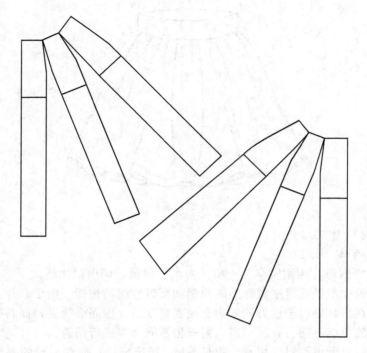

图 4-18　大 A 型裙纸样

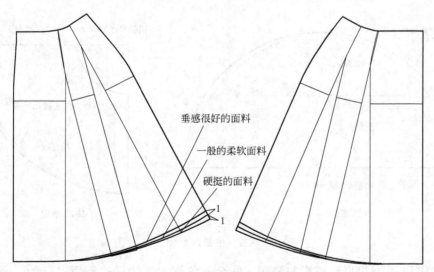

垂感很好的面料

一般的柔软面料

硬挺的面料

图 4-19　去掉斜纱产生的悬垂量

4. 圆裙（图 4-20）

常用的圆裙版型有 180°圆裙，360°圆裙，有些表演服可到 720°。圆裙的制版方法比较简单，可以直接制图，不需要原型。圆裙需要腰围和裙长两个尺寸。以 C 点为圆心，通过腰围尺寸可以运用以下公式算出裙腰半径 R。

720°圆裙：$R = W/12.56$

360°圆裙：$R = W/6.28$

图 4-20　圆裙

180°圆裙：$R = W/3.14$
90°圆裙：$R = W//1.57$

然后以 C 点为圆心，用裙腰半径＋裙长为半径作圆，画出裙摆线。

圆裙的版型设计主要是对造型量感的控制和面料性能的把握。由于衣片上不同部位的纱向不同，成衣后在斜纱处由于重力的影响会使面料变形，因而必须去掉面料的垂坠量。此量的大小根据面料的质感不同会有所不同，需根据不同面料进行调整。

圆裙在制图时要考虑面料的幅宽，裙长＋R（裙腰半径）要在面料的幅宽范围内。如果幅宽不能满足裙长，要将裙子分成几片。如图 4-21 所示。

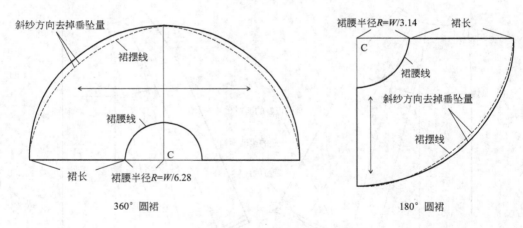

图 4-21　围裙的制图

从紧身裙到 A 型裙再到圆裙的演变，完全是依据省道转移的原理进行的，通过省变摆和切展变摆实现裙子不同廓型的设计，随着腰省从有到无，下摆呈现由窄到宽的有序变化。廓型的变化结合局部元素的设计，包括腰位、裙长、分割线，再加上各种装饰手法，就可以从服装结构的角度全方位地拓展礼服的设计。

第二节　旗　　袍

旗袍如图 4-22 所示。旗袍效果图如图 4-23 所示。

图 4-22 旗袍

一、旗袍的款式分析

此款式属于中式礼服——旗袍的变化款。整体造型合体，立领，无袖，衣长至膝盖上5cm左右，前片和后片各设有一个省道通至裙摆。由于前后衣身各有一个省道，故选择单省原型进行款式设计。

二、旗袍尺寸

旗袍尺寸分析如表 4-1 所示。

图 4-23　旗袍效果图

表 4-1　旗袍尺寸分析

部位	说明	尺寸
衣长	根据款式图,成品衣长在膝盖上 4～5cm 处。160cm 身高的人体从后颈点到膝盖的长度为 95cm,此款衣长设定为 91cm	单省上装原型＋35cm
胸围	此款式贴身穿着,非常合体,胸围松量设定为 4cm。单省原型胸围松量为 8cm,因此,在此基础上减少 4cm	单省上装原型－4cm
腰围	因为是非常合体的款式,腰围处加放 2cm 松量,单省原型腰围松量为 6cm,因此在此基础上减少 4cm	单省上装原型－4cm
臀围	同样的,为了和腰围、胸围匹配,臀围放 4cm 松量。单省原型臀围松量为 8cm,因此在此基础上减少 4cm	单省上装原型－4cm
肩宽	此款为窄肩款式,在原型肩宽的基础上减少 4cm	单省上装原型－4cm
袖窿深	此款属无袖,为了穿着的美观性,袖窿深在单省原型袖窿深的基础上向上提高 1.5cm	单省上装原型－1.5cm
领口线	单省原型的领口紧贴人体的颈部,没有多余的松量。旗袍的立领属于合体型,保持相同的状态	无改变
立领高	领高为颈长的 1/2～2/3,160/84 号型的人体颈长为 7cm,所以此款领高取 2/3 的颈长,设为 4.5cm	4.5cm

三、旗袍的制图步骤

1. 复制单省原型并消除后肩省

　　复制单省原型，将前片和后片的胸围线对齐，并排放好。按后片肩省消失的操作方法，把后肩省分散。如图 4-24 所示。

2. 增加衣长

　　将后中心线向下延长，在原型的臀围线以下增加 35cm，也就是从后颈点向下 91cm。然后作后中心线的垂线，作为底摆线。前衣片的制图方法相同。如图 4-25 所示。

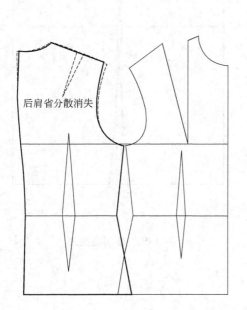

图 4-24　复制单省原型并消除后肩省

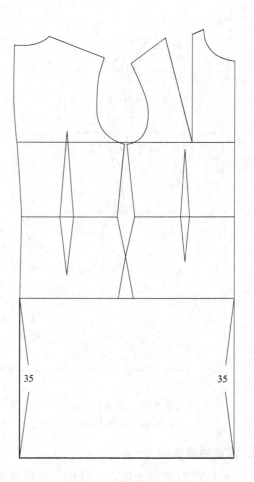

图 4-25　增加衣长

3. 调整胸围尺寸、腰围尺寸和臀围尺寸

　　● 将胸围尺寸减少 4cm，因为绘制的是一半纸样，一般会从每片的袖窿底点向内减少 1cm。

　　● 腰围尺寸也要减少 4cm，在腰围线上每片纸样减少 1cm。

　　● 臀围尺寸要减少 4cm，在臀围线上每片纸样减少 1cm。

　　连接从胸围到腰围、臀围的这段曲线。如图 4-26 所示。

4. 绘制底摆线

● 从前片臀围线和侧缝线的交点 A 向下画垂线和下摆线相交于 B 点，从 B 点向前中心线方向收取 2.5cm 为 C 点。

● 以直线连接 AC。如图 4-27 所示。

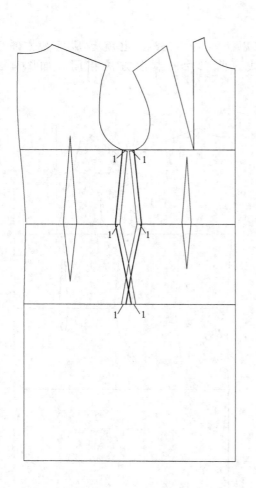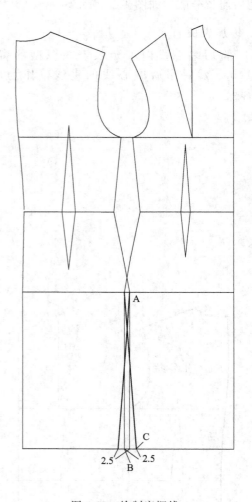

图 4-26　调整胸围尺
寸、腰围尺寸和臀围尺寸

图 4-27　绘制底摆线

5. 调整袖窿弧线

● 此款为窄肩设计，所以从前后片肩点各收 2cm。

● 无袖结构袖窿底需要上抬 1.5cm。

● 绘制新的袖窿弧线。如图 4-28 所示。

6. 绘制前片省道

● 从前片腰省的省肩点向下画垂线和下摆线交于 D 点，从 D 点向前中量取 1cm 为 D′点。

● 用圆顺的曲线连接腰省道和 D′点，在臀围线上交叉了 0.6cm，所以在侧缝线上去掉此量。

● 用圆顺的曲线绘制侧缝线。如图 4-29 所示。

7. 绘制后片省道

● 从后片腰省的省肩点向下画垂线和下摆线交于 E 点，从 E 点向后中量取 1cm 为 E_1 点。

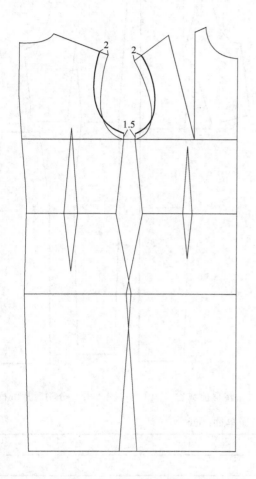

图 4-28　调整袖窿弧线

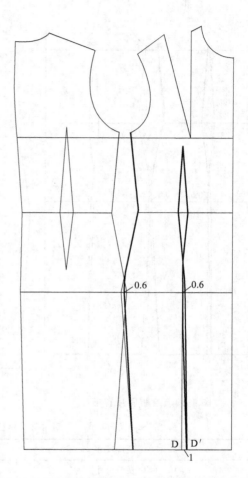

图 4-29　绘制前片省道

● 用圆顺的曲线连接腰省道和 E_1 点，在臀围线上交叉了 0.6cm，所以在侧缝线上去掉此量。

● 用圆顺的曲线绘制侧缝线。如图 4-30 所示。

8. 转移前胸省

连接腰省省尖点和肩省省尖点，作为转省的辅助线。在腰线处切断前片纸样，合并肩省，把肩省转移到腰省处。如图 4-31 所示。

9. 分割后片纸样

在后片腰线处切断纸样。如图 4-32 所示。

10. 绘制领底弧线

制板前的准备工作：量取前后领口弧线的尺寸。领口尺寸如表 4-2 所示。

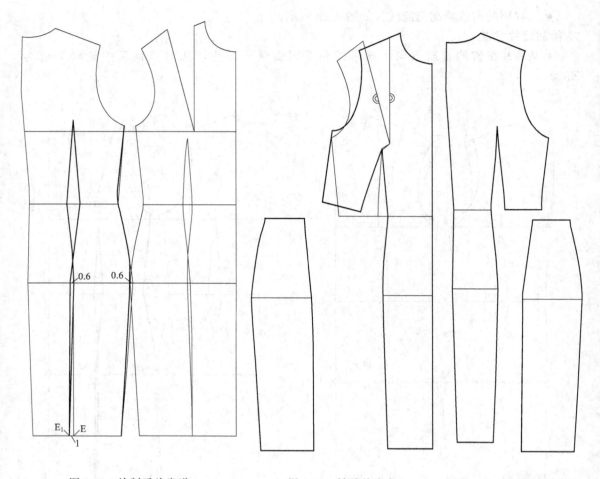

图 4-30 绘制后片省道　　　图 4-31 转移前胸省　　　图 4-32 分割后片纸样

表 4-2 领口尺寸　　　单位：cm

前领口尺寸	11
后领口尺寸	8

● 从 A 点画水平线 x 和垂直线 y。

A～SNP＝后领口尺寸△＝8

SNP～B＝前领口尺寸▲＝11

A～C＝领高＝4.5cm

● 作垂直线 B～D＝1.5cm。

● 把 A～SNP 三等分，把 SNP～B 三等分，连接 D～A_1、D～B_1，从 B_1 作 D～A_1 的垂直线，和 D～A_1 相交于 B_2 点。把 B_1～B_2 两等分，中点为 B_1'。

● 画弧线连接 A～B_1'～D，为领底弧线。由于弧线一定比直线长，所以需要重新测量领底弧线的长度等于前领口尺寸＋后领口尺寸，得到 D′点。如图 4-33 所示。

11. 绘制领口弧线

从 C 点作水平线，从 B_2 点作垂直线，两线交于 B_2' 点，从 B_2' 点上抬 0.5cm，画顺领口弧线。如图 4-34 所示。

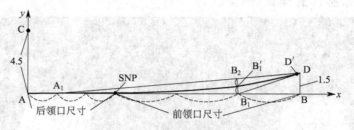

图 4-33 绘制领底弧线

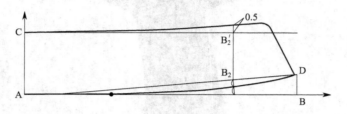

图 4-34 绘制领口弧线

四、旗袍纸样完成图（图 4-35）

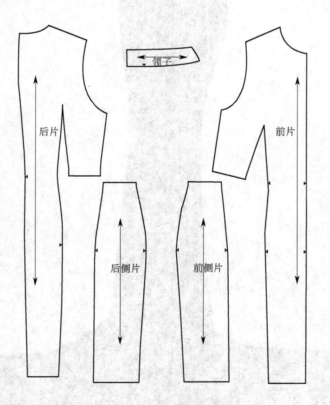

图 4-35 旗袍纸样完成图

五、用白坯布制作的样衣（图 4-36）

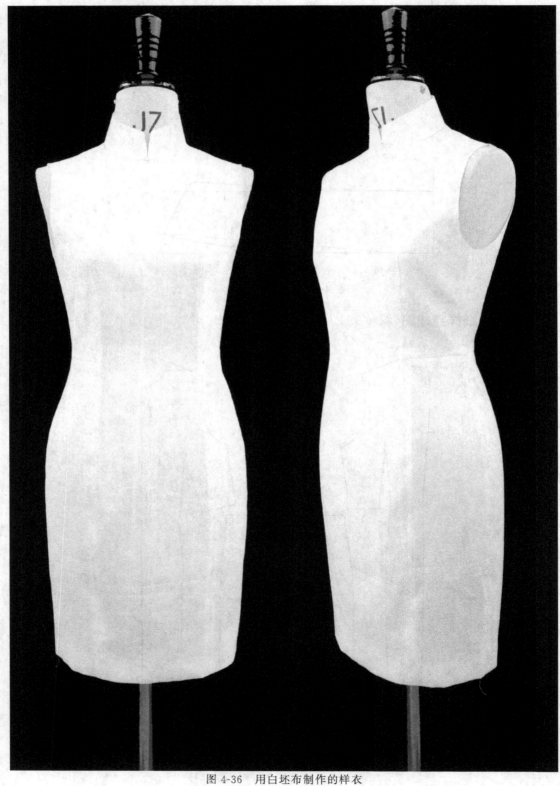

图 4-36　用白坯布制作的样衣

第三节 褶裥日礼服

褶裥日礼服如图 4-37 所示。褶裥日礼服效果图如图 4-38 所示。

图 4-37 褶裥日礼服

图 4-38　褶裥日礼服效果图

一、褶裥日礼服款式分析

此款式长度在膝盖上 5cm 左右，圆领，无袖，前片有不对称褶裥。采用缎类无弹性面料，胸部松量较小，有衬裙。

二、褶裥日礼服尺寸分析

褶裥日礼服尺寸分析如表 4-3 所示。

表 4-3　褶裥日礼服尺寸分析

部位	说　明	尺　寸
衣长	根据款式图，成品衣长在膝盖上 4～5cm 处。160cm 身高的人体从后颈点到膝盖的长度为 95cm，此款衣长设定为 91cm	单省上装原型＋35cm
胸围	此款式贴身穿着，非常合体，胸围松量设定为 4cm。采用有光泽感的缎类面料，无弹力。由于单省原型胸围为 91cm，因此在此基础上减少 3cm	单省上装原型－3cm
腰围	因为是非常合体的款式，腰围处加放 2cm 松量，单省原型腰围松量为 6cm，因此在此基础上减少 4cm	单省上装原型－4cm
臀围	为了和腰围、胸围匹配，臀围放 4～6cm 松量。单省原型臀围松量为 8cm，因此在此基础上减少 2cm	单省上装原型－2cm
肩宽	无袖款式，肩宽减少 1cm	单省上装原型－1cm
领口线	领口比较贴合人体，在单省原型的基础上开大 1cm	单省上装原型＋1cm

三、褶裥日礼服的制图步骤

1. 复制单省原型并消除后肩省

　　复制单省原型，将前片和后片的胸围线对齐，并排放好。按后片肩省消失的操作方法，把后肩省分散。如图 4-39 所示。

2. 增加衣长

　　将后中心线向下延长，在原型的臀围线以下增加 35cm，也就是从后颈点向下 91cm。然后作后中心线的垂线，作为底摆线。前衣片的制图方法相同。如图 4-40 所示。

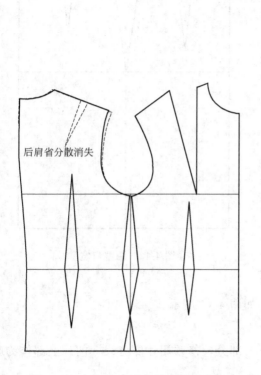

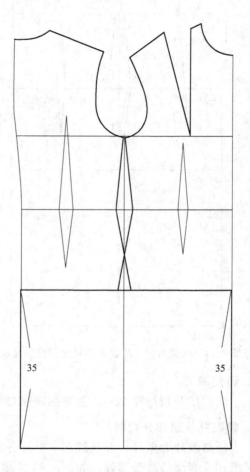

图 4-39　复制单省原型并消除后肩省　　　　　　　图 4-40　增加衣长

3. 调整胸围尺寸、腰围尺寸和臀围尺寸

　　● 将胸围尺寸减少 3cm，因为绘制的是一半纸样，一般会从每片的袖窿底点向内减少 0.75cm。

　　● 腰围尺寸要减少 2cm，侧缝上前、后片各减少 0.75cm，前片腰省两侧各减少 0.25cm。

　　● 臀围尺寸要减少 4cm，一半纸样减少 2cm。因为侧缝在臀围线上有 2cm 的互叠量，把这个量减掉即可满足臀围尺寸。

　　● 连接从胸围到腰围、臀围的这段曲线。如图 4-41 所示。

4. 调整肩宽

将前后肩宽减少 0.5cm，画顺袖窿弧线。前后肩端处理成直角。如图 4-42 所示。

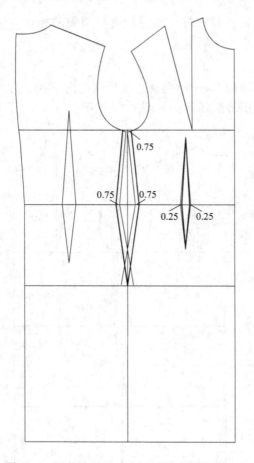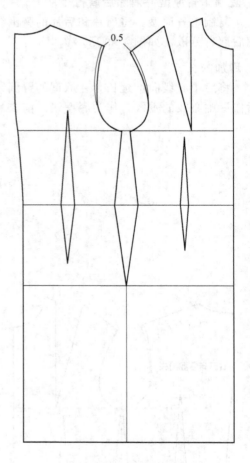

图 4-41　调整胸围尺寸、腰围尺寸和臀围尺寸　　　　　　　　图 4-42　调整肩宽

5. 调整领口

前后横开领加宽 1cm，重新圆顺领口弧线。如图 4-43 所示。

6. 复制并从腰部分割前片

复制前片为整片，并从腰部把前片分成上下两部分，修顺裙片侧缝线。前片上部作为底层纸样及表层的展开基础。如图 4-44 所示。

7. 合并肩省转移至袖窿（图 4-45）

8. 作前片领口处的分割线及转省的辅助线

在前片领口处做一条横向分割线，分割衣片。在前下片作出转省的辅助线。如图 4-46 所示。

9. 转移 a 省到 L_1 线

合并 a 省道，转入 L_1 线。如图 4-47 所示。

10. 转移 b 省到 L_1 线

合并 b 省道，转入 L_1 线。如图 4-48 所示。

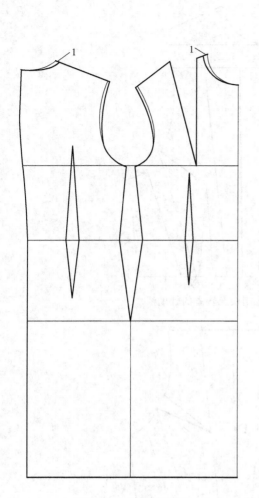

图 4-43　调整领口

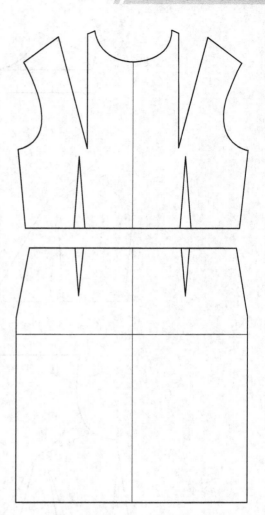

图 4-44　复制并从腰部分割前片

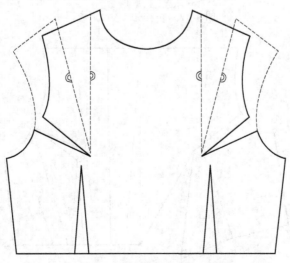

图 4-45　合并肩省转移至袖窿

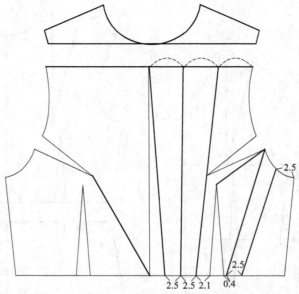

图 4-46　作前片领口处的分割线及转省的辅助线

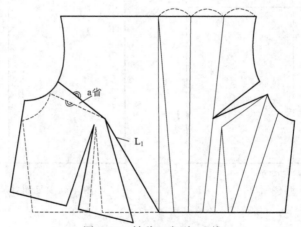

图 4-47　转移 a 省到 L₁ 线

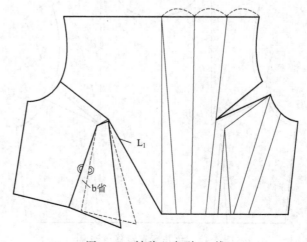

图 4-48　转移 b 省到 L₁ 线

11. 转移 c 省到 L₂ 线

合并 c 省道，转入 L_2 线。如图 4-49 所示。

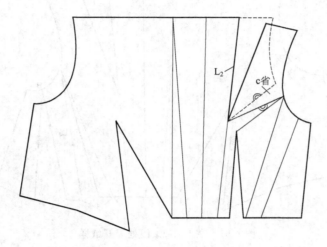

图 4-49 转移 c 省到 L_2 线

12. 移动 d 省到 L₃ 线

从 A 点向右量取省道量●，把 d 省移动到 L_3 线处，d 省只是位置发生了移动，但省道大小不变。如图 4-50 所示。

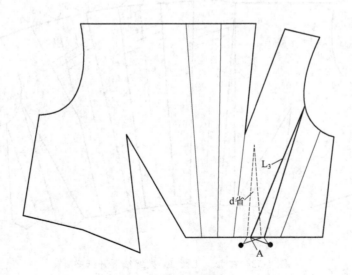

图 4-50 移动 d 省到 L_3 线

13. 在 L₃、L₄ 线处展开纸样

由于 d 省的量不能满足此处的褶裥量，所以以 A 点为轴继续展开纸样，使 L_3 线处的展开量达到 5cm（包含原来此处的省量）。再以 B 点为轴展开纸样，使 L_4 线处的展开量也达到 5cm。如图 4-51 所示。

14. 在 L₅、L₆、L₇ 处继续展开纸样

在 L_5、L_6 线处展开纸样，上部展开 7cm，下部展开 5cm。在 L_7 线处，上部和下部均

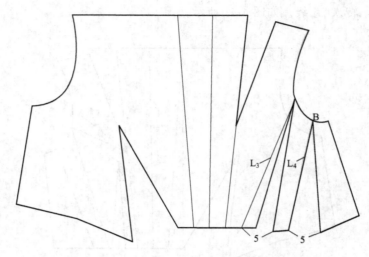

图 4-51　在 L_3、L_4 线处展开纸样

展开 5cm。由于此处原有的省道量为 4.5cm，所以 L_7 线处上部褶量为 9.5cm。如图 4-52 所示。

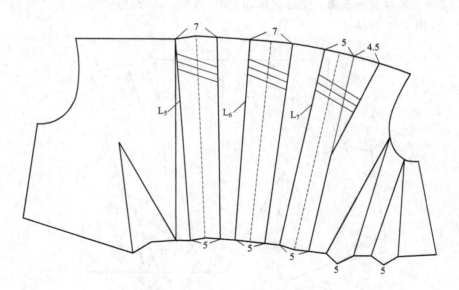

图 4-52　在 L_5、L_6、L_7 处继续展开纸样

15. 设定裙片分割线

　　设定分割线 $L_{1'} \sim L_{7'}$，如图 4-53 所示。

16. 修顺裙片分割线

　　用圆顺的曲线修顺裙片分割线。如图 4-54 所示。

17. 展开裙片

　　上端展开 5cm，下端展开 7cm，右侧腰省的省尖点向侧缝方向移动 1cm。如图 4-55

所示。

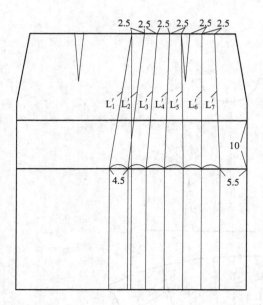

图 4-53　设定裙片分割线

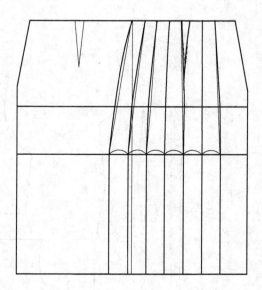

图 4-54　修顺裙片分割线

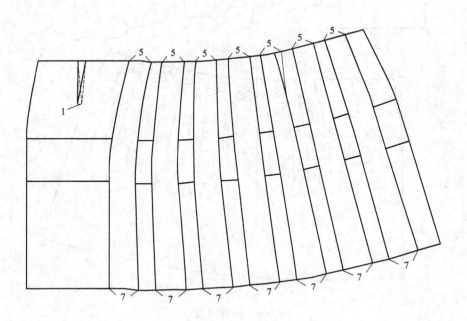

图 4-55　展开裙片

四、纸样完成图（图 4-56）

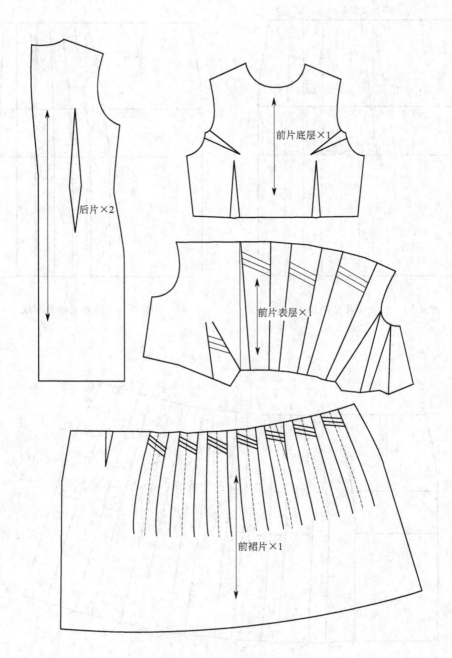

后片×2

前片底层×1

前片表层×1

前裙片×1

图 4-56　纸样完成图

五、用白坯布制作的样衣（图 4-57）

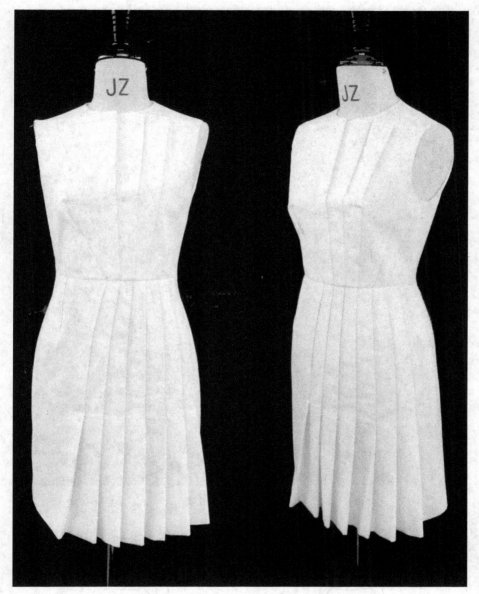

图 4-57　用白坯布制作的样衣

第四节　A 型婚礼服

A 型婚礼服如图 4-58 所示。A 型婚礼服效果图如图 4-59 所示。

一、A 型婚礼服款式分析

此款式为大 V 领 A 型褶裥婚礼服。长度及地，腰部断开，上半身采用公主线及刀背缝两条分割线来塑造合体的造型，下半身为大褶裥裙。袖型纤细，长度到手腕位置。由于前后衣片均有一条刀背缝、一条公主线，故采用礼服双省原型进行款式设计。

图 4-58　A 型婚礼服

图 4-59　A 型婚礼服效果图

二、A 型婚礼服尺寸分析

A 型婚礼服尺寸分析如表 4-4 所示。

表 4-4　A 型婚礼服尺寸分析

部位	说　明	尺　寸
衣长	根据款式图，成品衣长及地。160cm 身高的人体从后颈点到地面的长度为 136cm，但由于此款礼服下摆较大，还需再加 10cm 的斜摆量，所以成品衣长为 146cm	双省上装原型＋90cm
胸围	此款式贴身穿着，非常合体，面料有一定的厚度，无弹力，胸围松量设定为 5cm。由于双省原型胸围松量为 7cm，因此在此基础上减少 2cm	双省上装原型－2cm
腰围	因为是非常合体的款式，腰围处加放 2cm 松量，双省原型腰围松量为 4cm，因此在此基础上减少 2cm	双省上装原型－2cm
肩宽	和原型的肩宽相同	无变化
领宽	此款为大 V 领设计，横开领在双省原型的基础上开大 1cm，领深在胸围和腰围中点附近	单省上装原型＋1cm
袖长	袖型非常合体，袖长至尺骨头	53cm
袖口	袖口比较窄小，在腕围基础上加 2.5cm 松量	18.5cm

三、A 型婚礼服制图步骤

1. 增加衣长

将后中心线向下延长，在原型的臀围线以下增加 90cm，也就是从后颈点向下 146cm。然后作后中心线的垂线，作为底摆线。前衣片的制图方法相同。如图 4-60 所示。

2. 调整胸围尺寸、腰围尺寸并分割纸样

● 将胸围尺寸减少 2cm，因为绘制的是一半纸样，故从每片的袖窿底点向内减少 0.5cm。

● 腰围尺寸也要减少 2cm，在腰围线上每片纸样减少 0.5cm。

● 连接从胸围到腰围的这段曲线。

● 从腰围线处分割纸样，裙长为 108cm。如图 4-61 所示。

3. 绘制领口线

前领宽加宽 1.2cm，前领深在胸围线和腰围线的中点，画顺前领口弧线。后领宽也加宽 1.2cm，画顺后领口弧线。如图 4-62 所示。

4. 调整肩斜线

由于领口开得较深，为了避免在前胸处起空，前颈侧点处下降 0.5cm，以拉紧前领口。如图 4-63 所示。

5. 绘制前片公主线分割线

用圆顺的曲线连接 a 省和 b 省，完成前片公主线分割线的绘制。如图 4-64 所示。

6. 绘制前片刀背缝分割线

从袖窿底点沿袖窿弧线量取 8.5cm，用圆顺的曲线和 c 省连接，完成刀背缝的绘制。如图 4-65 所示。

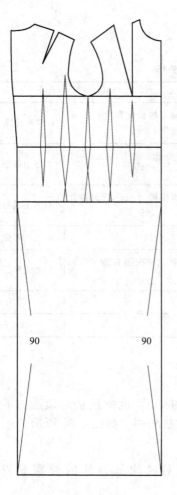

图 4-60　增加衣长

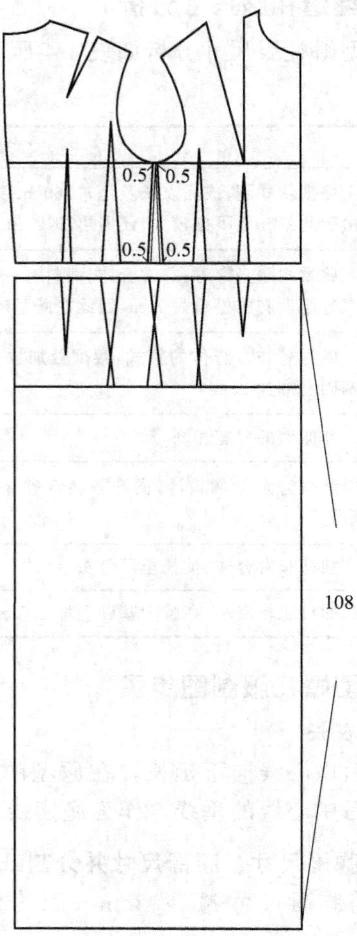

图 4-61　调整胸围尺寸、腰围尺寸并分割纸样

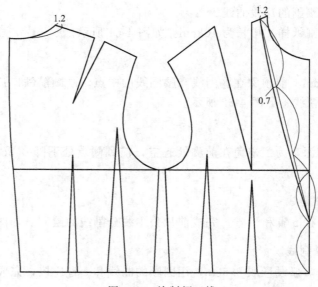

图 4-62　绘制领口线

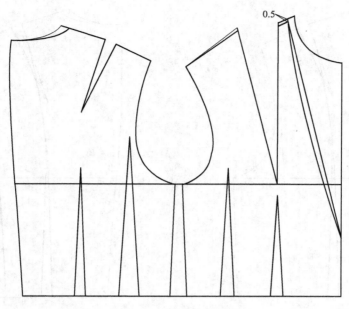

图 4-63 调整肩斜线

图 4-64 绘制前片公主线分割线

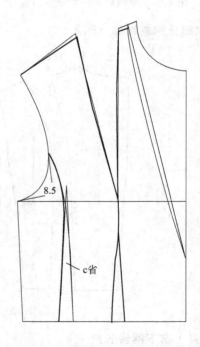

图 4-65 绘制前片刀背缝分割线

7. 绘制后片公主线分割线

用圆顺的曲线连接 d 省和 e 省，完成后片公主线分割线的绘制。如图 4-66 所示。

8. 绘制后片刀背缝分割线

从 f 省的省尖画水平线和袖窿弧线相交于 A 点，从 A 点用圆顺的曲线和 f 省连接，完成刀背缝的绘制。如图 4-67 所示。

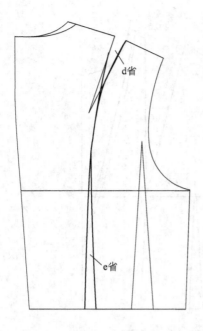
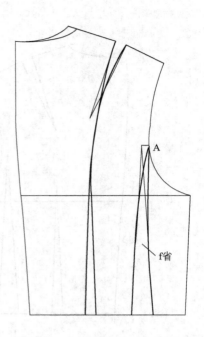

图 4-66　绘制后片公主线分割线　　　　图 4-67　绘制后片刀背缝分割线

9. 上衣部分完成纸样（图 4-68）。

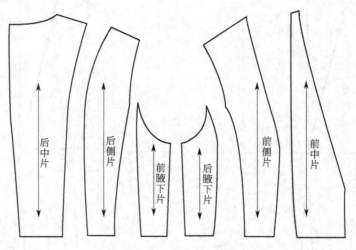

图 4-68　上衣部分完成纸样

10. 测量上衣下摆线长度

　　因为下半身裙子最终要和上衣拼合，所以需要测量出上衣每一片腰线的长度。如图 4-69 所示。

11. 绘制前中裙片

　　绘制一个矩形，宽为前中片的下摆长度 8.35cm，长为裙长 108cm。

　　画 24°的角度线，长 108cm。

　　画 8°的角度线，长 13cm，作为缝合长度。

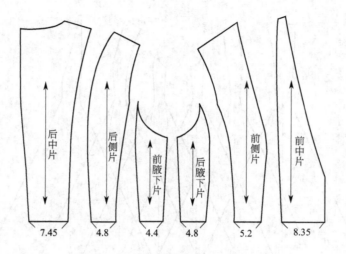

图 4-69　测量上衣下摆线长度

以同样方法，对称绘制左半侧。如图 4-70 所示。

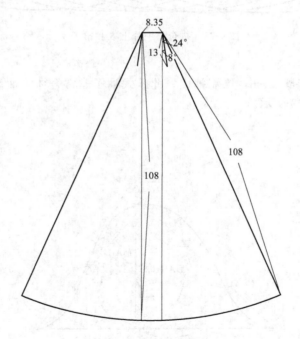

图 4-70　绘制前中裙片

12. 拼合前中片上衣和裙子

拼合前中片上衣和裙子，并修顺侧缝线。如图 4-71 所示。

13. 绘制其余裙片，并分别和上衣拼合

按照相同方法，绘制其余裙片，并分别和上衣拼合。

注意绘制裙片时，由于要和相应的上衣拼合，所以要选择相对应的上衣纸样的腰围尺寸，再按照以上的方法绘制裙片。

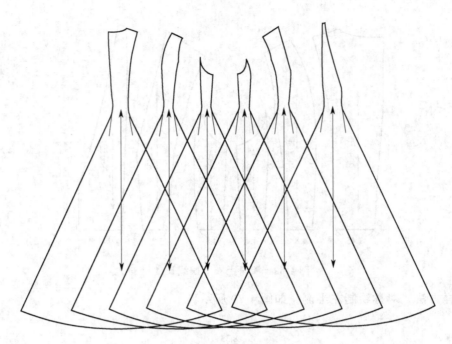

图 4-71 拼合前中片上衣和裙子

14. 绘制袖山部分

参照原型袖制图步骤 1~6，绘制袖山。此款式袖子非常合体，袖窿深取平均袖窿深的 5/6＋0.5cm。如图 4-72 所示。

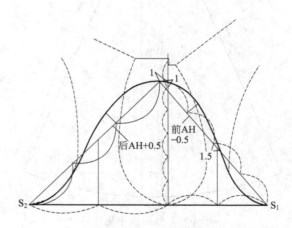

图 4-72 绘制袖山部分

15. 绘制袖子其余部分

- 从 K' 点向下 53cm 为袖长，从 K' 点向下 32cm 为袖肘线的位置。
- 从 L 点向前 1.5cm 为 L'，连接 S、L'，作为袖中线。
- 从 L' 点向前量取袖口/2-1cm，向后量取袖口/2＋1cm，连接 S_1、L_1 和 S_2、L_2，并在后片下落 0.7cm。在袖肘线上前片收进 0.7cm，后片放出 0.7cm，画顺袖下线。如图 4-73 所示。

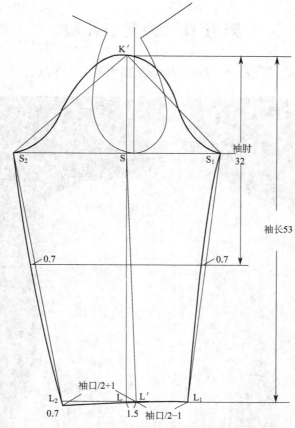

图 4-73　绘制袖子其余部分

四、用白坯布制作的样衣（图 4-74）

图 4-74　用白坯布制作的样衣

第五节　钟型小礼服

钟型小礼服如图 4-75 所示。钟型小礼服效果图如图 4-76 所示。

图 4-75　钟型小礼服

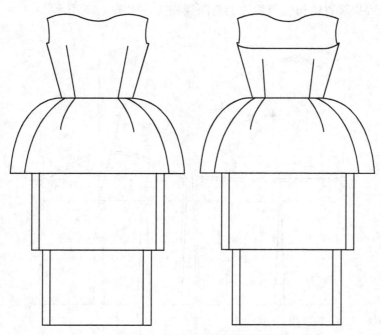

图 4-76　钟型小礼服效果图

一、钟型小礼服款式分析

此款为抹胸层叠式礼服,呈钟型造型。上装为抹胸造型。下装裙分三层,第一层从腰线下呈花苞状展开,第二层裙长度在大腿中部且呈直筒状,第三层裙在膝围线以下贴体。此款式需要配合紧身胸衣,采用礼服双省原型。

二、钟型小礼服尺寸分析

钟型小礼服尺寸分析如表 4-5 所示。

表 4-5　钟型小礼服尺寸分析

部　位	说　　　明	尺　　寸
上衣胸围	此款式非常合体,面料有一定的硬挺度,无弹力。由于上身需要穿着紧身胸衣,考虑到穿着的层次和面料的厚度,上衣胸围和腰围在紧身胸衣的基础上各增加 2cm。由于双省原型胸围松量为 7cm,紧身胸衣的胸围松量为 3cm,也就是在原型的基础上减少 2cm	双省上装原型-2cm
上衣腰围	因为是非常合体的款式,腰围处不加松量,双省原型腰围松量为 4cm,因此在此基础上减少 4cm	双省上装原型-4cm
裙长	第一层裙长在臀围处,约 20cm;第二层裙长在大腿中部,约 40cm;第三层裙长在膝盖下,约 63cm	

三、钟型礼服制图步骤

(一)上半身抹胸的绘制

1. 准备好紧身胸衣的样板(按照第三章第六节"紧身胸衣"的制图方法)

2. 增加松量并调整后片省道长度

由于抹胸在紧身胸衣的外层,所以在紧身胸衣的基础上在侧缝和胸口弧线上加入

0.5cm，并延长后片腰省的长度与后片上胸围线相交。如图 4-77 所示。

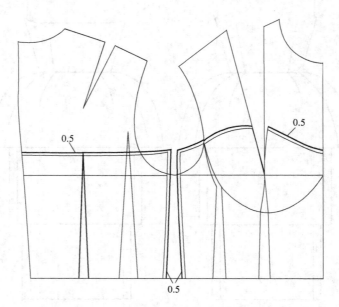

图 4-77　增加松量并调整后片省道长度

3. 合并后侧腰省

　　旋转虚线部分，把后侧腰省消除掉。如图 4-78 所示。

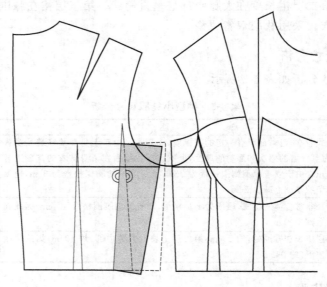

图 4-78　合并后侧腰省

4. 合并前侧腰省

　　旋转前片虚线部分，把前侧腰省消除掉。如图 4-79 所示。

5. 修顺曲线，调整纸样

　　修顺前后片的腰围线，前后片抹胸的上口弧线。如图 4-80 所示。

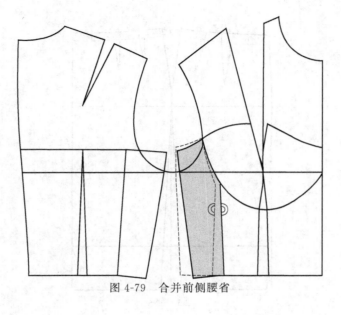

图 4-79　合并前侧腰省

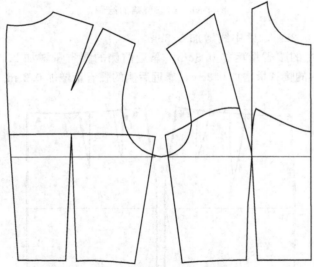

图 4-80　修顺曲线调整纸样

（二）裙纸样的绘制步骤

1. 第三层裙的绘制

　　由于原型裙的腰围线从正常腰围线下落了腰头宽/2（2cm），所以在此款式中在原型裙的基础上向上加 2cm。

　　在原型裙的裙长基础上向下增加 10cm，在侧缝下摆位置前后片各收 2.5cm，在后中下摆位置收取 1cm。如图 4-81 所示。

2. 第二层裙的绘制

● 从原型裙臀围向下 25cm 确定第二层裙的裙长。

● 考虑到层次性，第二层裙的臀围尺寸前后片各增加 0.5cm，按如下方式分配：

前片侧缝线增加 0.2cm，前中线增加 0.3cm

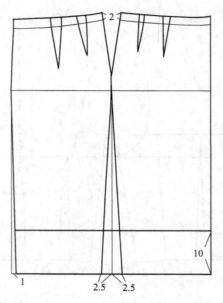

图 4-81 第三层裙的绘制

后片侧缝线增加 0.2cm，后中线增加 0.3cm

- 在前片靠近前中的腰省量增加 0.3cm，靠近前侧的腰省量增加 0.2cm。
- 在后片靠近后中的腰省量增加 0.3cm，靠近后侧的腰省量增加 0.2cm。如图 4-82 所示。

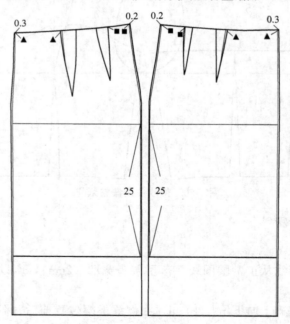

图 4-82 第二层裙的绘制

3. 确定第一层裙的裙长和围度的增加量

从原型裙臀围线向下 5cm 确定第一层裙的裙长。

为了塑造花苞造型，前、后中心处分别增加 1.8cm，前、后侧缝处分别增加 1.2cm，分别画前、后中心线和前、后侧缝线的平行线。如图 4-83 所示。

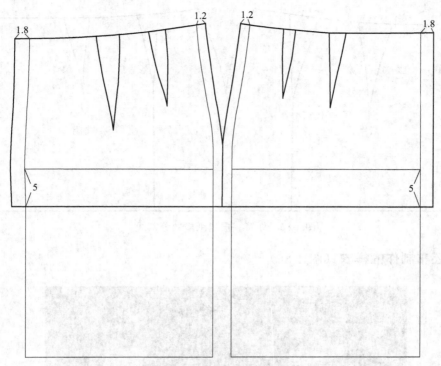

图 4-83 确定第一层裙的裙长和围度的增加量

4. 调整第一层裙的省道位置和大小

- 移动前腰省 1 的位置，使之和上衣腰省位置相同，省量在原省量的基础上增加 1cm。
- 移动后腰省 3 的位置，使之和上衣腰省位置相同，省量在原省量的基础上增加 1cm。
- 调整前腰省 2、后腰省 4 的省量，在原省量的基础上各增加 1cm。
- 前后片侧缝在腰线上各收进 0.8cm，绘制侧缝线，前、后片上省道的长度按抛物线分布。如图 4-84 所示。

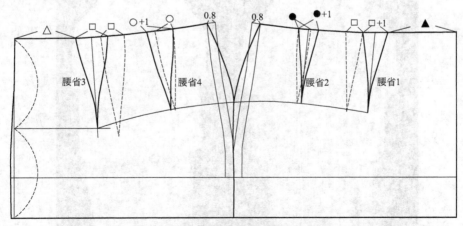

图 4-84 调整第一层裙的省道位置和大小

5. 做第一层裙纸样的分割线

从腰省 2、腰省 4 的省尖点向下做分割线，修顺侧缝省，第一层裙分成前片、侧片、后片三部分。如图 4-85 所示。

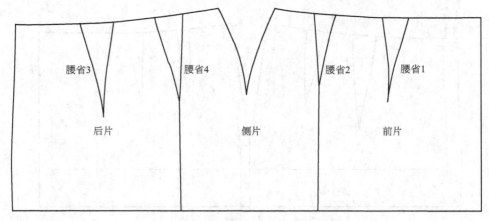

图 4-85　做第一层裙纸样的分割线

四、用白坯布制作的样衣（图 4-86）

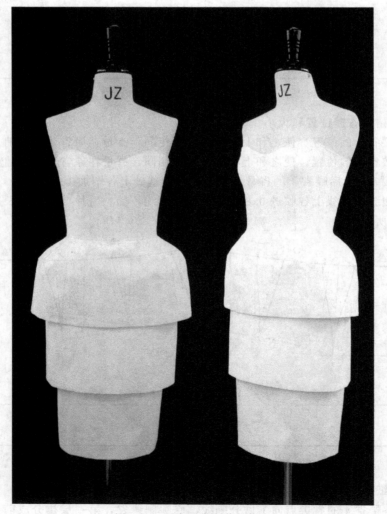

图 4-86　用白坯布制作的样衣

第五章
礼服纸样设计实例——立体裁剪

第一节 褶裥鱼尾晚礼服

一、褶裥鱼尾晚礼服款式分析

此款礼服的上身以手工折叠堆积成型的自然机理，从前胸随身体由正面到侧面延伸至后背，线条流畅，引导着视觉的美感，既满足了结构需要又具有装饰性；下身以鱼尾裙摆为主，自然褶裥悬垂拖地给人以优雅的感觉；整体呈优雅、端庄的晚礼服风格，体现出高雅而大气的气场。如图 5-1 所示。

图 5-1 鱼尾晚礼服效果图

二、褶裥鱼尾晚礼服制作步骤及完成效果

1. 人台前面贴线

按照人体结构线用红色贴线标记出人体结构线，包括前中线、胸围线、颈围线、公主线、腰围线、侧缝线、袖窿弧线等。如图 5-2 和图 5-3 所示。

图 5-2　侧面贴线

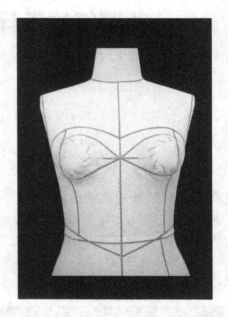

图 5-3　正面贴线

2. 人台背面贴线

找出人体背面结构线，用红色标记线标记出来，包括胸围线、腰围线、臀围线、后中线、公主线等。如图 5-4 所示。

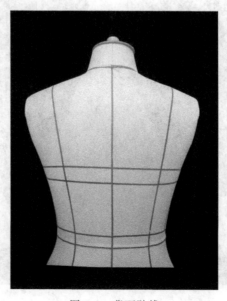

图 5-4　背面贴线

3. 上身正面铺布

按照贴出的人体结构线用布片上到胸轮廓线，下到腰围线，左右到前公主线以大头针固定。如图 5-5 所示。

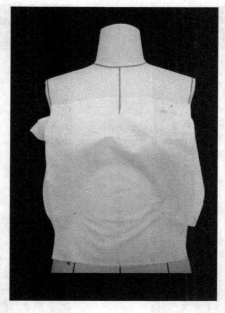

图 5-5 正面铺布

4. 上身正面画线裁剪

按照人体上身前面的结构线用铅笔在布片上画出来并裁剪。如图 5-6 所示。

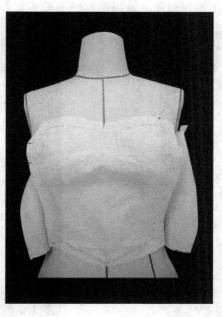

图 5-6 正面布样

5. 上身侧面铺布

用布片上到袖窿弧线，下到腰围线，左右到前后公主线以大头钉固定。如图5-7和图5-8所示。

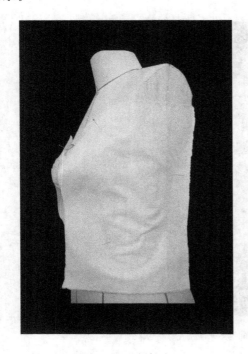
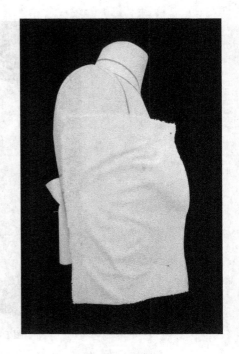

图5-7　左侧铺布　　　　　　　　　　　　　图5-8　右侧铺布

6. 上身侧面画线裁剪

按照侧面人体结构线用铅笔在布片上画出结构线并裁剪。如图5-9和图5-10所示。

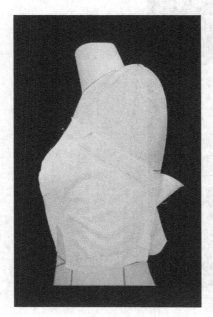
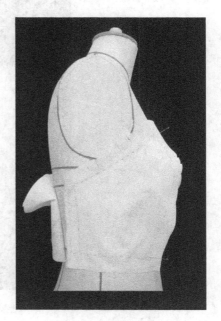

图5-9　左侧布样　　　　　　　　　　　　　图5-10　右侧布样

7. 上身背面铺布

　　用布片上到胸围线，下到腰围线，左右到后公主线，后中分割并以大头针固定画线裁剪。如图 5-11 所示。

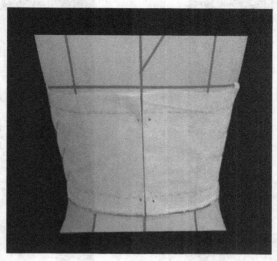

图 5-11　背面铺布

8. 上身半成品图（图 5-12 和图 5-13）

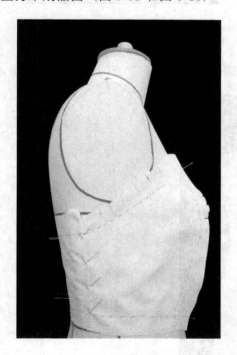 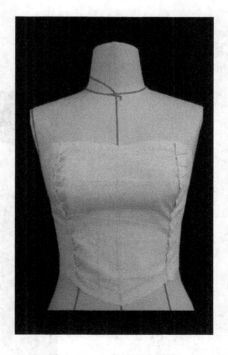

图 5-12　上身侧面完成图　　　　　图 5-13　上身正面完成图

9. 前后片左右侧片缝合

10. 下身前片铺布

　　用布片上到腰围线，下到膝盖以上臀围线以下，以大头针固定。如图 5-14 所示。

11. 下身前片画线裁剪

按照腰围线、侧缝线用铅笔在布片上画出结构线，留松量。如图 5-15 所示。

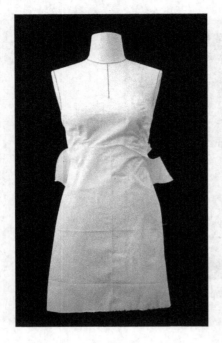

图 5-14　下身前片铺片

图 5-15　下身前片粗裁

12. 下身前片抓省

依照模特的人体特征，适度抓出省，以大头针固定省的大小、位置。如图 5-16 所示。

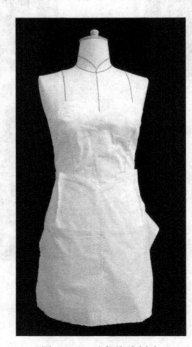

图 5-16　下身前片抓省

13. 下身后片铺布

　　用布片上到腰围线，下到膝盖以上臀围以下，左右到侧缝线，以大头针固定。如图 5-17 所示。

14. 下身后片抓省

　　依照模特人体特征，适度抓出省量，以大头针固定省的大小、位置。如图 5-18 所示。

图 5-17　下身后片铺片

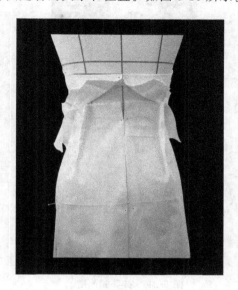

图 5-18　下身抓省

15. 下身后片画线裁剪

　　用铅笔在固定好的布片上依照腰围线、侧缝线画出结构线并裁剪。如图 5-19 所示。

16. 衣身前片缝合（图 5-20）

图 5-19　下身后片画线裁剪

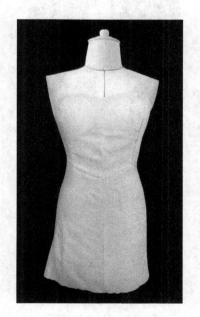

图 5-20　衣身前片缝合

17. 衣身侧面缝合（图 5-21）

18. 衣身正面雏形（图 5-22）

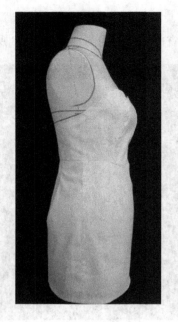

图 5-21　衣身侧面缝合

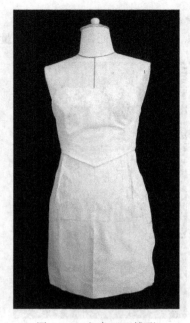

图 5-22　衣身正面雏形

19. 衣身侧面雏形（图 5-23）

20. 衣身背面雏形（图 5-24）

图 5-23　衣身侧面雏形

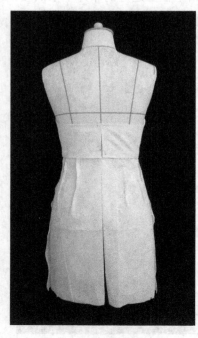

图 5-24　衣身背面雏形

21. 上身侧面装饰

把布片剪成布条折叠，不熨烫，直接铺满侧面形成丰富褶裥。如图 5-25 和图 5-26 所示。

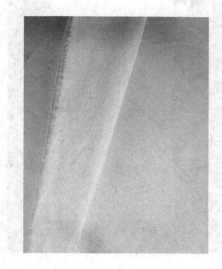

图 5-25 布条裁剪

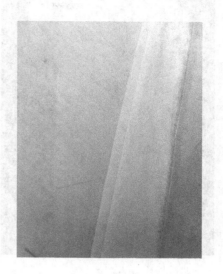

图 5-26 布条折叠

22. 缝上布条

把弄好的布条一条一条堆积形成的侧面用大头针固定好或者用针缝上。如图 5-27 和图 5-28 所示。

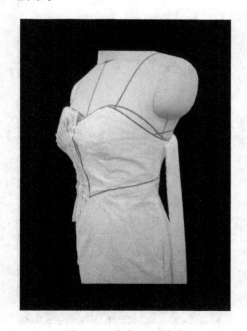

图 5-27 布条正面铺贴

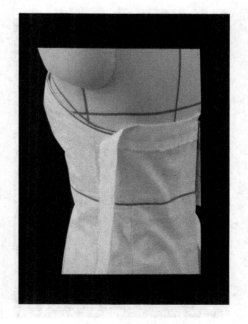

图 5-28 布条侧面铺贴

23. 固定、整理布条

从右边把弄好的布条一条一条堆积形成的侧面用大头针固定好，整理整齐。如图 5-29 和图 5-30 所示。

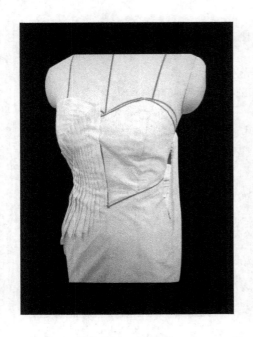

图 5-29　正面装饰

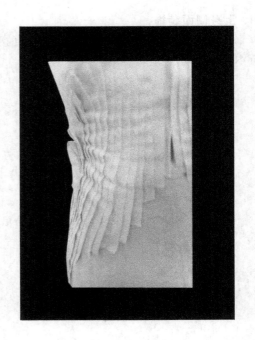

图 5-30　侧面装饰

24. 完成正面装饰

从左面用针线缝合已经固定好的侧面造型，形成的自然肌理正是礼服的亮点所在。正面完成图如图 5-31 和图 5-32 所示。

图 5-31　装饰特写

图 5-32　正面装饰效果

25. 完成侧面装饰

用针线缝合已经固定好的造型。如图 5-33 和图 5-34 所示。

图 5-33 左侧装饰效果

图 5-34 右侧装饰效果

26. 使用布条依次堆积形成自然的肌理是本套礼服的特色所在，固定好礼服的侧面和背面造型。如图 **5-35** 和图 **5-36** 所示。

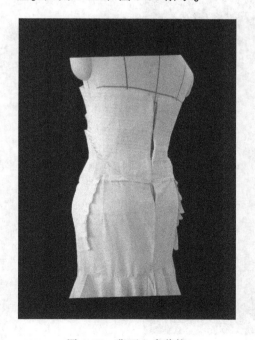

图 5-35 背面上身装饰

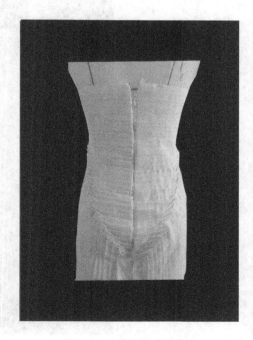

图 5-36 背面整身装饰

27. 下摆的裁剪方式

以圆形为依据进行裁剪，目的是可以得到较大幅度的大摆，并且上缝下摆时可以得到自然褶裥的堆积。如图 5-37 和图 5-38 所示。

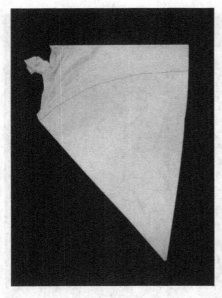

图 5-37　下摆裁剪

图 5-38　下摆效果

28. 后片下摆效果图

　　上身和下摆相连接的背视图，可以让人很强烈地感受到下摆自然褶裥的自然美。如图 5-39 所示。

图 5-39　后片下摆效果图

29. 侧面的效果

　　自然形成的肌理给礼服又添加了许多视觉冲击力，顺着自然形成的肌理延伸到胸部。如图 5-40 所示。

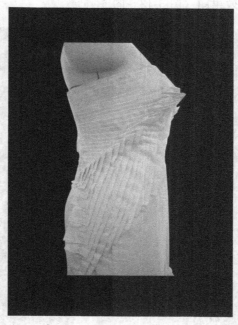

图 5-40　侧面肌理效果

30. 礼服胸部的细节图

　　将弄好的布条一条一条缝在上面，就形成了自然的装饰肌理，引导着人们的视觉延伸到胸部。如图 5-41 所示。

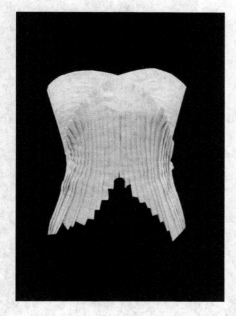

图 5-41　正面肌理效果

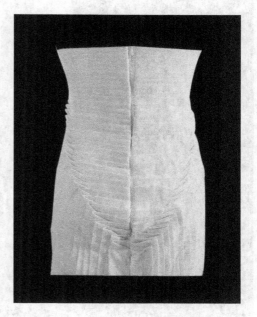

图 5-42　礼服臀部细节

31. 礼服臀部细节图

　　礼服的臀部细节与自然的肌理装饰是从臀部一直延伸到胸部，使人不由自主地就顺着肌理的方向看到了女人最美的部位。如图 5-42 所示。

32. 礼服正面、侧面、背面效果图（图 5-43～图 5-45）

图 5-43　礼服的正视图

图 5-44 礼服的侧视图

图 5-45　礼服的背视图

第二节　褶裥长款晚礼服

一、褶裥长款晚礼服款式分析

　　此款礼服主要以折叠花瓣和布条编排为装饰手段，下身是简单的自然褶裙，整体造型上身为修身塑胸，胸部用布片折叠花瓣处理胸部凸量，既满足了结构需要又具有装饰性；整体呈优雅、成熟的晚礼服风格，适合年轻知性女性参加晚宴穿着。如图 5-46 所示。

图 5-46　褶裥晚礼服整体效果

二、褶裥晚礼服制作步骤及完成效果

1. 贴线

　　根据礼服上身款式造型在人台上贴标示线。如图 5-47～图 5-49 所示。

2. 补正胸部

　　西式晚礼服一般需要加大胸围，增加胸腰差，突出胸腰曲线美，我们在人台胸部放上胸垫并用大头针来固定。如图 5-50 所示。

3. 上衣后片打底

　　根据贴条来制作上身紧身衣，分割线根据贴条分割线分割，铺布用大头针固定，并使用铅笔画出结构线进行裁剪，完成左右两片。如图 5-51 和图 5-52 所示。

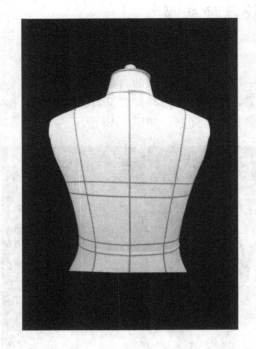

图 5-47　背面贴线

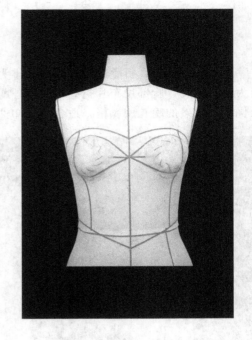

图 5-48　正面贴线

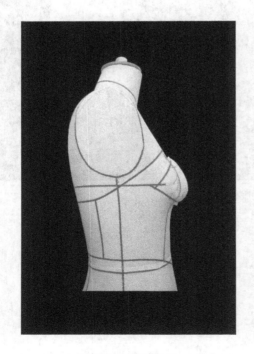

图 5-49　侧面贴线

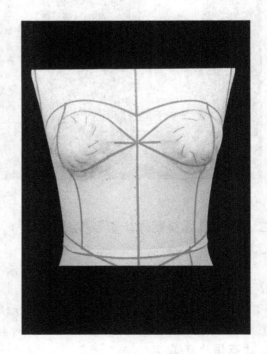

图 5-50　胸部补正

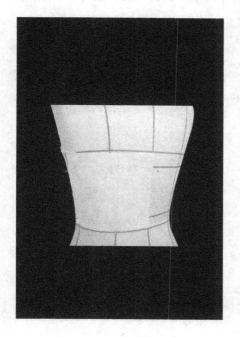

图 5-51　上身背面铺布

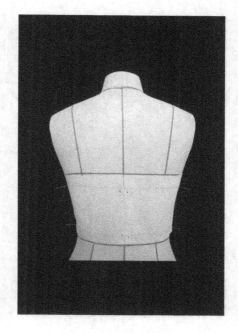

图 5-52　上身背面布样

4. 上衣侧片打底

　　后片打底完成后，分割线根据贴条分割线分割，进行侧片铺布、画线以及裁剪，并使用大头针固定，完成左右两片。如图 5-53 和图 5-54 所示。

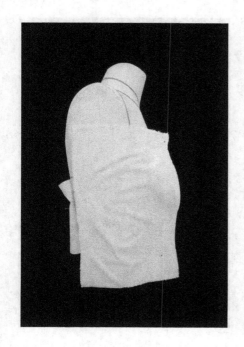

图 5-53　上身侧面铺布

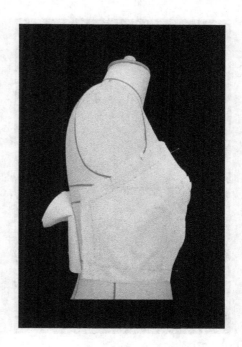

图 5-54　上身侧面布样

5. 将左右侧片和后片用大头针固定在一起，使其贴合人体。如图 5-55 和图 5-56 所示。

图 5-55　上身侧面

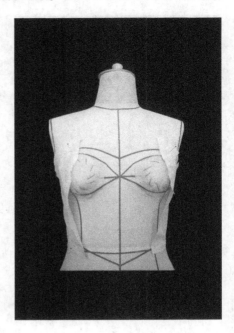

图 5-56　上身正面

6. 上衣前片打底

　　左右侧片完成后，分割线根据贴条分割线分割，进行前片铺布、画线以及裁剪，并用大头针固定。如图 5-57 和图 5-58 所示。

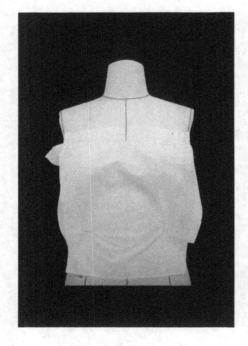

图 5-57　上身正面铺布

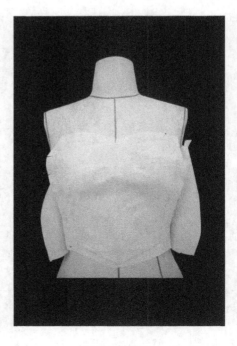

图 5-58　上身正面布样

7. 上身侧面、下面效果

　　上衣前片裁好后，将左右侧片和前片用大头针固定在一起，留出松量使其贴合人体。如图 5-59 和图 5-60 所示。

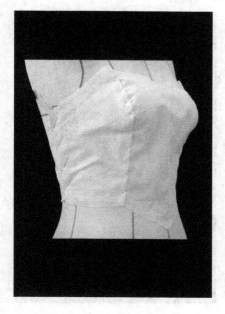

图 5-59 上身侧面效果

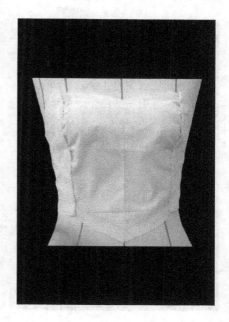

图 5-60 上身正面效果

8. 裙子前片打底

　　上衣打底做好以后，分割线根据贴条分割线分割，进行裙子前片铺布、画线以及裁剪，并使用大头针固定，留出腰部松量。如图 5-61 和图 5-62 所示。

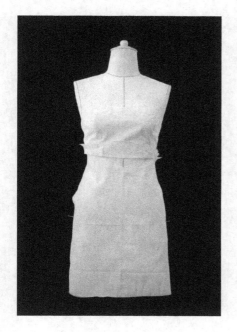

图 5-61 裙子前片打底

图 5-62 裙子前片布样

9. 裙子前片抓省

裙子前片打底完成后，依照模特的人体特征，适度抓出省量用大头针固定省的大小、位置。如图 5-63 和图 5-64 所示。

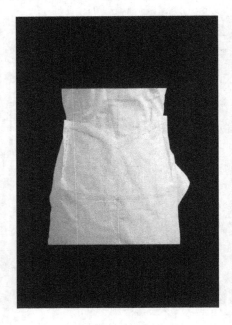

图 5-63　裙子抓省

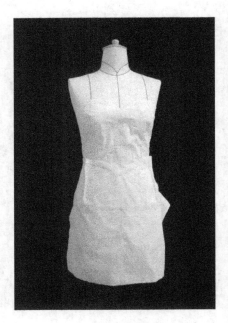

图 5-64　裙子正面布样

10. 裙子后片打底

前片抓省完成后，分割线根据贴条分割线分割，进行裙子后片铺布、画线以及裁剪，并使用大头针固定。如图 5-65 和图 5-66 所示。

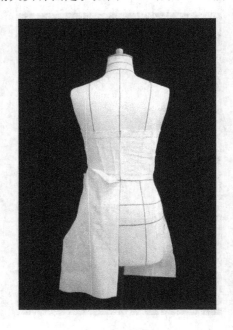

图 5-65　裙子背面布样

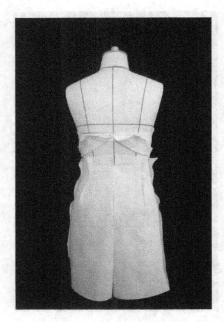

图 5-66　裙子背面效果

11. 裙子后片抓省

    裙子后片打底完成后，依照模特的人体特征，适度抓出省量，用大头针固定省的大小、位置。如图5-67所示。

12. 礼服打底

    所有衣片裁剪完成后，都用大头针固定在一起，画出缝合线。如图5-68所示。

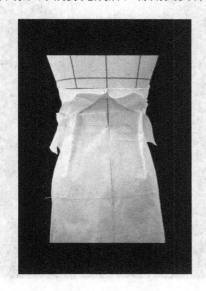

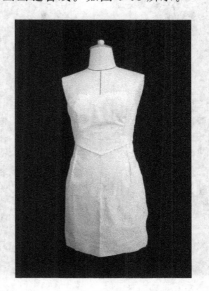

图5-67　裙子后片抓省　　　　　　　　　　　　图5-68　礼服打底

13. 衣身下面缝合效果

    拆下礼服底子，将全部衣片沿缝合线缝合。如图5-69～图5-71所示。

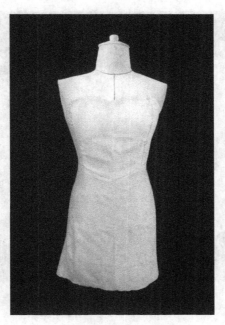

图5-69　正面缝合效果

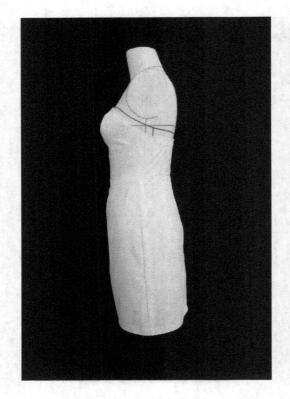 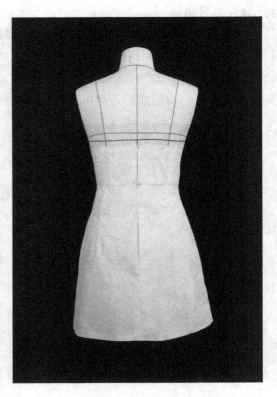

图 5-70　侧面缝合效果　　　　　　　　　　图 5-71　背面缝合效果

14. 上衣胸部装饰

　　将一块布折叠熨烫成花瓣状，要符合人体工程学，有较强的装饰性。如图 5-72 所示。

图 5-72　胸部装饰

15. 上衣装饰

　　胸部花瓣缝制在底子上后，将布条熨烫折出长条状，根据设计编排固定在礼服底子上。

如图 5-73 所示。

图 5-73　上衣装饰——编织

16. 胸部与上衣接合处（图 5-74）

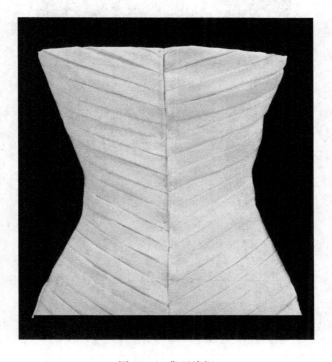

图 5-74　背面编织

17. 上衣前片（图 5-75）

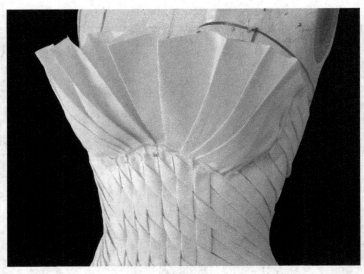

图 5-75　上衣前片

18. 侧片编织

　　上衣前片和后片编排好后，将折叠熨烫好的布条固定在侧面，用大头针固定。如图 5-76 和图 5-77 所示。

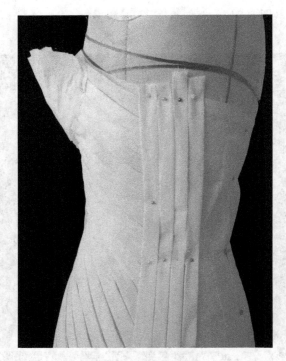

图 5-76　侧片编织

19. 裙子造型

　　前片折叠自然褶裥，后片平整。如图 5-78 和图 5-79 所示。

图 5-77　编织过程

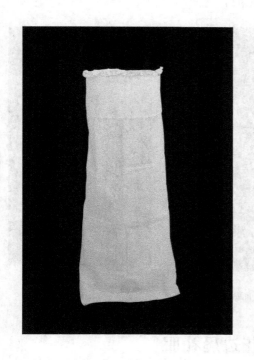

图 5-78　裙子后片

图 5-79　裙子前片

20. 编织效果图

熨烫折叠出比衣身上的布条更宽的布条，用针线串缝并抽出连续的花瓣状，用其装饰衣身拼接处与腹部。如图 5-80 和图 5-81 所示。

图 5-80　后片编织效果　　　　　　　　　　　　　图 5-81　前片编织效果

21. 礼服正面、侧面、背面效果图（图 5-82～图 5-84）

  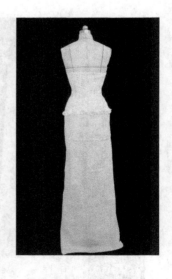

图 5-82　礼服正面效果图　　　　　图 5-83　礼服侧面效果图　　　　　图 5-84　礼服背面效果图

第三节　褶裥花边晨礼服

一、褶裥花边晨礼服款式分析

　　此款礼服以褶裥花边为主要装饰手段，整体造型上身为多褶和丰富的毛绒，胸部以毛绒和褶相接，既满足了结构需要又具有装饰性；下身为抽褶花边，具有一定韵律感，斜向排列紧凑又具动感；腰部斜向分割，整体呈甜美、活泼的晨礼服风格，是可爱型女人的最爱。如图 5-85 所示。

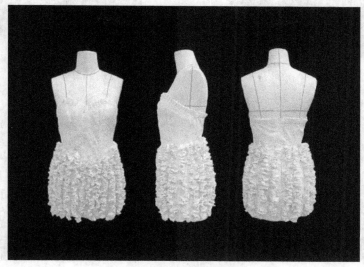

图 5-85　花边礼服

二、 褶裥花边晨礼服制作步骤及完成效果

1. 人台侧面、正面贴线

按照人体结构线用红色贴线标记出人体结构线，包括前中线、胸围线、颈围线、公主线、腰围线、侧缝线、袖窿弧线等。如图 5-86 和图 5-87 所示。

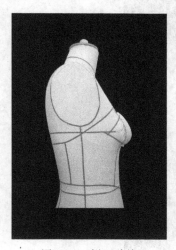

图 5-86　侧面贴线

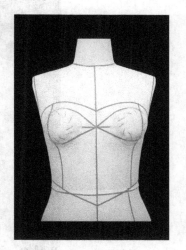

图 5-87　正面贴线

2. 人台背面贴线

找出人体背面结构线，用红色标记线标记出来，包括胸围线、腰围线、臀围线、后中线、公主线等。如图 5-88 所示。

3. 上身正面铺布

按照贴出的人体结构线，用布片上到胸轮廓线，下到腰围线，左右到前公主线以大头针固定。如图 5-89 所示。

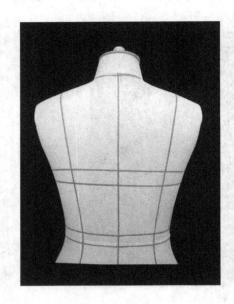

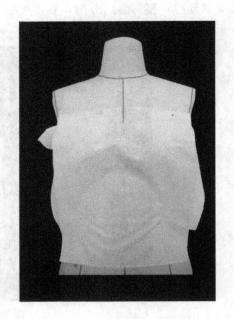

图 5-88　背面贴线　　　　　　　　　　　　　　图 5-89　正面铺布

4. 上身正面画线裁剪

按照人体上身前面的结构线，用铅笔在布片上画出来并裁剪。如图 5-90 所示。

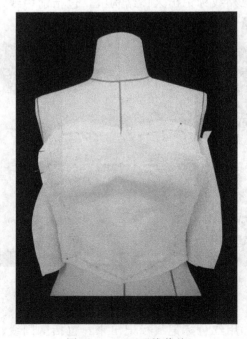

图 5-90　正面画线裁剪

5. 上身侧面铺布

用布片上到袖窿弧线，下到腰围线，左右到前后公主线以大头钉固定。如图 5-91 和图 5-92 所示。

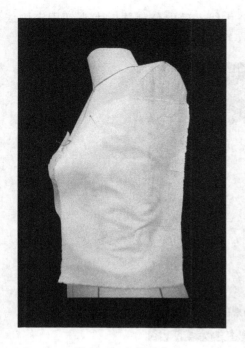

图 5-91　左侧铺布

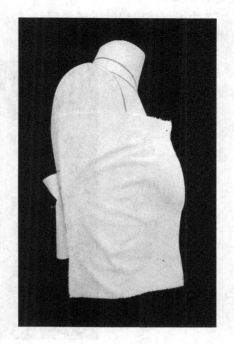

图 5-92　右侧铺布

6. 上身侧面画线裁剪

　　按照侧面人体结构线，用铅笔在布片上画出结构线并裁剪。如图 5-93 和图 5-94 所示。

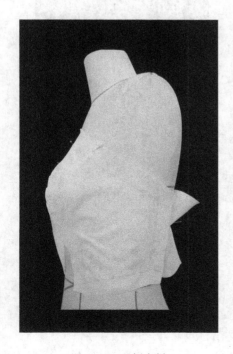

图 5-93　左侧布样

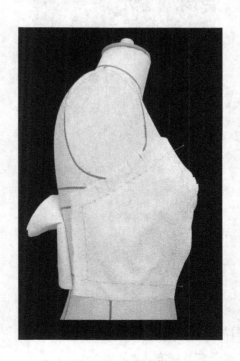

图 5-94　右侧布样

7. 上身背面铺布

　　用布片上到胸围线，下到腰围线，左右到后公主线，后中分割并以大头针固定画线裁剪。如图 5-95 所示。

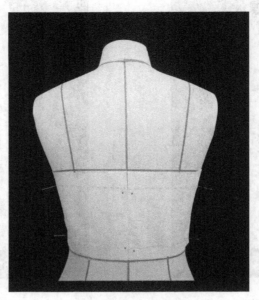

图 5-95　背面布样

8. 上身半成品图（图 5-96 和图 5-97）

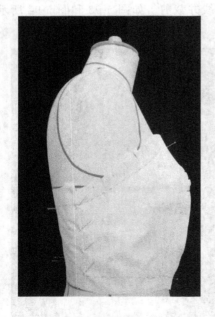

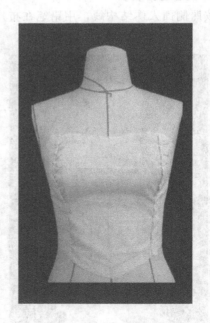

图 5-96　侧面组合　　　　　　　　　图 5-97　正面组合

9. 前后片左右侧片缝合

10. 裙子前片铺布

　　用布片上到腰围线，下到膝盖以上臀围线以下，以大头针固定。如图 5-98 所示。

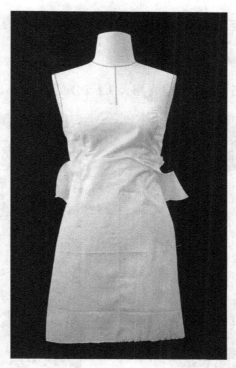

图 5-98　裙子前片铺布

11. 裙子前片画线裁剪

按照腰围线、侧缝线用铅笔在布片上画出结构线，留松量。如图 5-99 所示。

12. 裙子前片抓省

依照模特的人体特征，适度抓出省量，用大头针固定省的大小、位置。如图 5-100 所示。

图 5-99　裙子前片画线裁剪

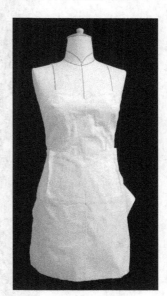

图 5-100　裙子前片抓省

13. 裙子后片铺布

用布片上到腰围线，下到膝盖以上臀围以下，左右到侧缝线，以大头针固定。如图 5-101所示。

14. 裙子后片抓省

依照模特人体特征，适度抓出省量，用大头针固定省的大小、位置。如图 5-102 所示。

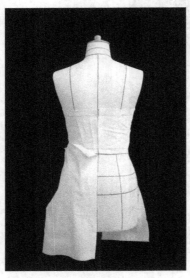

图 5-101　裙子后片铺布

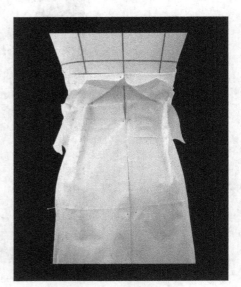

图 5-102　裙子后片抓省

15. 裙子后片画线裁剪

用铅笔在固定好的布片上依照腰围线、侧缝线画出结构线并裁剪。如图 5-103 所示。

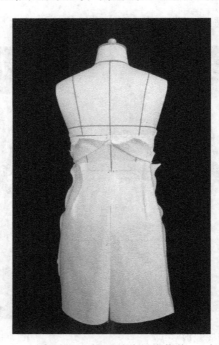

图 5-103　裙子后片画线裁剪

16. **衣身前片缝合**（图 5-104）

17. **衣身侧片缝合**（图 5-105）

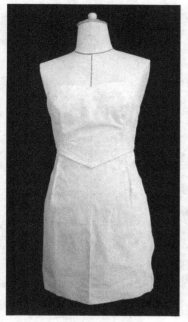

图 5-104　前片缝合

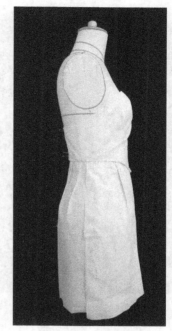

图 5-105　侧片缝合

18. **衣身正面雏形**（图 5-106）

19. **衣身侧面雏形**（图 5-107）

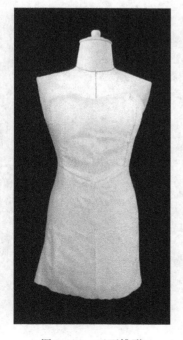

图 5-106　正面雏形

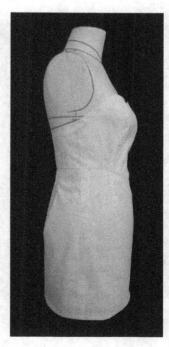

图 5-107　侧面雏形

20. 装饰前片

　　把布片撕成布条，把布条一边抽纱，形成毛绒的样子。如图 5-108 和图 5-109 所示。

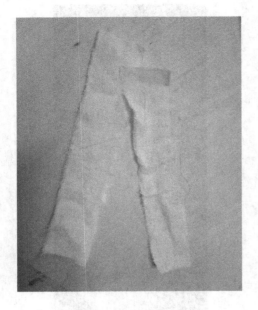

图 5-108　布条

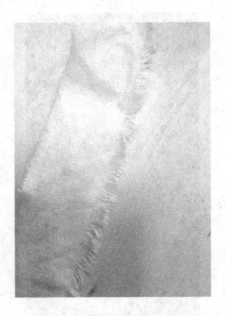

图 5-109　毛边

21. 前片装饰

　　把已经抽纱好的布条交叉排放，毛绒的一边朝上显露出来，铺满整个胸前，用大头针固定好。如图 5-110 和图 5-111 所示。

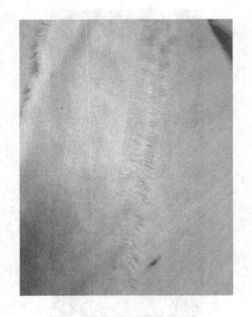

图 5-110　毛边

图 5-111　毛边组合

22. 前片毛边装饰效果图（图 5-112）

图 5-112　前片毛边装饰效果图

23. 上身侧面装饰

　　把布片剪成布条折叠，不熨烫，直接铺满侧面形成丰富褶裥。如图 5-113 和图 5-114 所示。

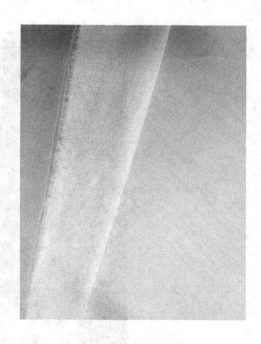

图 5-113　布条折叠　　　　　　　　　　　　　图 5-114　布条熨烫

　　24. 把弄好的布条一条一条堆积形成的侧面用大头针固定好，整理整齐。如图 **5-115** 和图 **5-116** 所示。

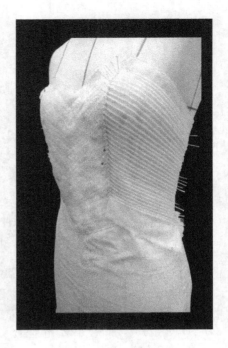

图 5-115　装饰过程 　　　　　　　　　　　　图 5-116　装饰效果

25. 装饰完成

　　用针线缝合已经固定好的侧面造型，并与正前面的毛绒造型缝合固定。如图 5-117 所示。

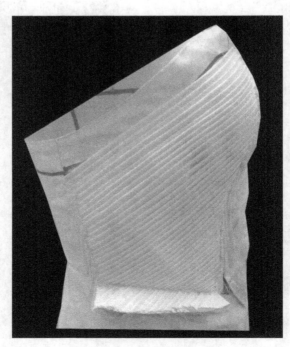

图 5-117　装饰完成

26. 上身正面缝合造型（图 5-118）

图 5-118　装饰正面效果

27. 下身造型制作

把长布条用针线穿好抽褶，装饰下身。如图 5-119 所示。

图 5-119　抽褶过程

28. 抽褶排列

把抽完褶的布条装饰在下身裙子上，左右排列，留有间隙，形成不规则的造型，看上去美观而不杂乱。如图 5-120 所示。

图 5-120　抽褶排列

29. 下身装饰效果图（图 5-121）

图 5-121　下身装饰效果

30. 礼服上身衣边处理

　　用布片折叠熨烫形成长条，再折叠用针线把衣边造型与上衣片缝合。如图 5-122 所示。

图 5-122　止口花边

31. 礼服上身衣边处理效果图（图 5-123 和图 5-124）

图 5-123　侧面效果　　　　　　　　　　　　图 5-124　正面效果

32. 礼服完成图（图 5-125～图 5-127）

图 5-125　礼服正面完成图　　　图 5-126　礼服侧面完成图　　　图 5-127　礼服背面完成图

第四节　折叠型短款晚礼服

一、折叠型短款晚礼服款式分析

　　此款式上身主要以规律平行褶和层叠布边拉毛为装饰手段，下身主要以折叠出独特的三角形肌理为装饰手段。上身修身塑胸，胸部利用规律褶处理乳凸量结构，既满足了造型需要又具有装饰性；下身折叠出若干个三角形造型，而三角形经过规律组合形成一定的空间感。整体造型呈现出俏皮、活泼的晚礼服风格，适合年轻知性女性参加晚宴穿着。如图 5-128 所示。

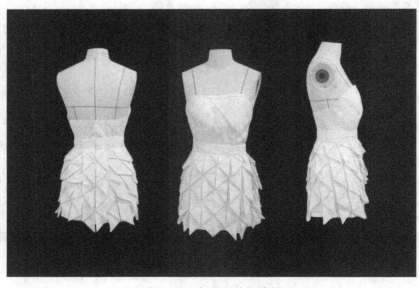

图 5-128　折叠型礼服效果

二、 折叠型短款晚礼服制作步骤及完成效果

1. 贴线

根据礼服上身款式造型在人台上贴标示线。如图 5-129～图 5-131 所示。

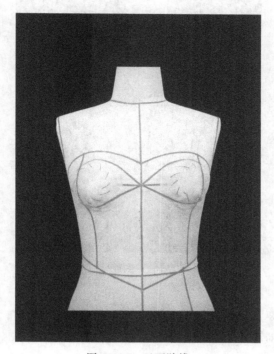

图 5-129 正面贴线

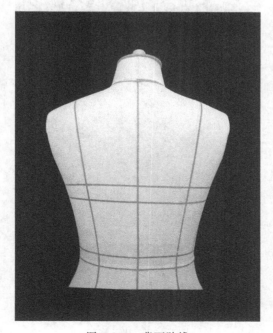

图 5-130 背面贴线

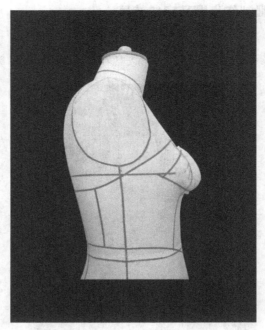

图 5-131　侧面贴线

2. 补正胸部

西式晚礼服一般需要加大胸围，增加胸腰差，突出胸腰曲线美，我们在人台胸部放上胸垫并用大头针来固定。如图 5-132 所示。

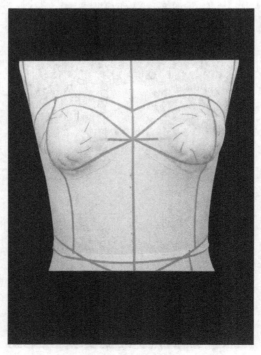

图 5-132　补正胸部

3. 上衣后片打底

　　根据贴条来制作上身紧身衣，分割线根据贴条分割线分割，铺布用大头针固定，并使用铅笔画出结构线进行裁剪，完成左右两片。如图 5-133 和图 5-134 所示。

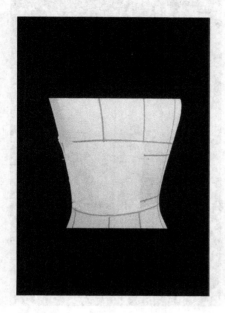 

图 5-133　后片铺布　　　　　　　　　　　　　图 5-134　后片布样

4. 上衣侧片打底

　　后片打底完成后，分割线根据贴条分割线分割，进行侧片铺布、画线以及裁剪，并使用大头针固定，完成左右两片。如图 5-135 和图 5-136 所示。

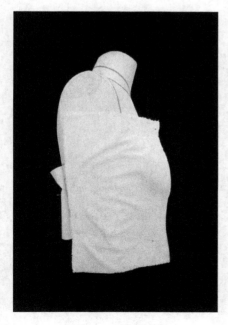 

图 5-135　侧面铺布　　　　　　　　　　　　　图 5-136　侧面布样

5. 上半身半成品

　　将左右侧片和后片用大头针固定在一起，使其贴合人体。如图 5-137 和图 5-138 所示。

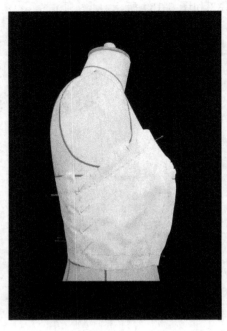

图 5-137　侧片组合

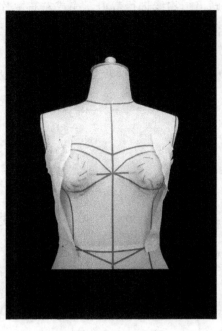

图 5-138　正面待组合

6. 上衣前片打底

　　左右侧片完成后，分割线根据贴条分割线分割，进行前片铺布、画线以及裁剪，并用大头针固定。如图 5-139 和图 5-140 所示。

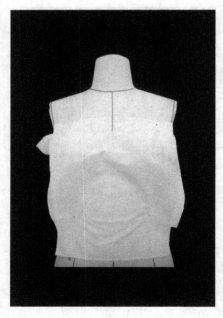

图 5-139　正面铺布

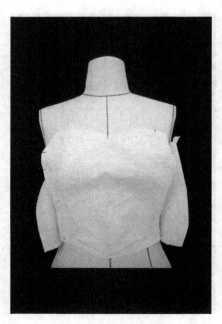

图 5-140　正面布样

7. 组合各片

上衣前片裁好后，将左右侧片和前片用大头针固定在一起，留出松量使其贴合人体。如图 5-141 和图 5-142 所示。

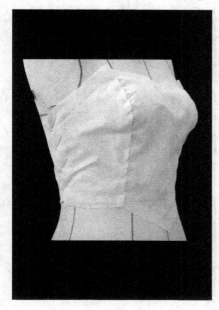

图 5-141　侧片组合

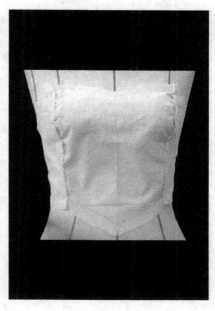

图 5-142　前片组合

8. 裙子前片打底

上衣打底做好以后，分割线根据贴条分割线分割，进行裙子前片铺布、画线以及裁剪，并使用大头针固定，留出腰部松量。如图 5-143 和图 5-144 所示。

图 5-143　裙子正面铺布

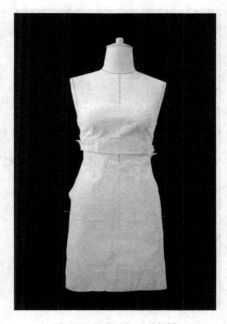

图 5-144　裙子正面布样

9. 裙子前片抓省

裙子前片打底完成后，依照模特的人体特征，适度抓出省量，用大头针固定省的大小、位置。如图 5-145 和图 5-146 所示。

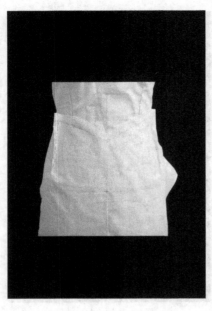

图 5-145　裙子正面抓省

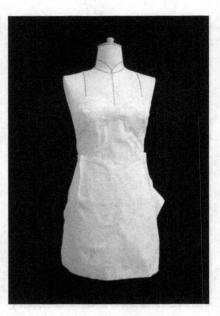

图 5-146　裙子正面效果

10. 裙子后片打底

前片抓省完成后，分割线根据贴条分割线分割，进行裙子后片铺布、画线以及裁剪，并使用大头针固定。如图 5-147 和图 5-148 所示。

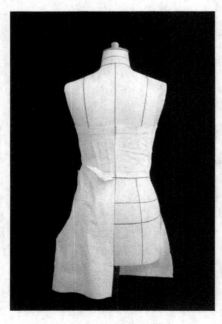

图 5-147　裙子背面铺布

图 5-148　裙子背面布样

11. 裙子后片抓省

裙子后片打底完成后，依照模特的人体特征，适度抓出省量，用大头针固定省的大小、位置。如图 5-149 所示。

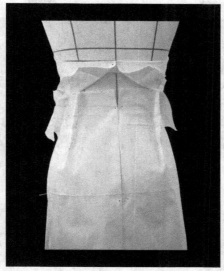

图 5-149　裙子背面效果

12. 礼服打底

所有衣片裁剪完成后，都用大头针固定在一起，画出缝合线。如图 5-150 所示。

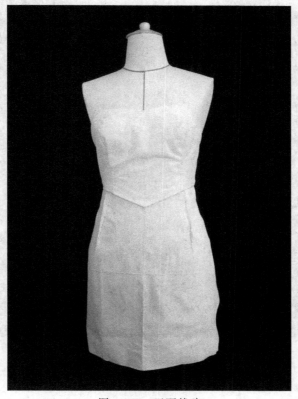

图 5-150　正面基础

13. 完成缝合

　　拆下礼服底子，将全部衣片沿缝合线缝合。如图 5-151～图 5-153 所示。

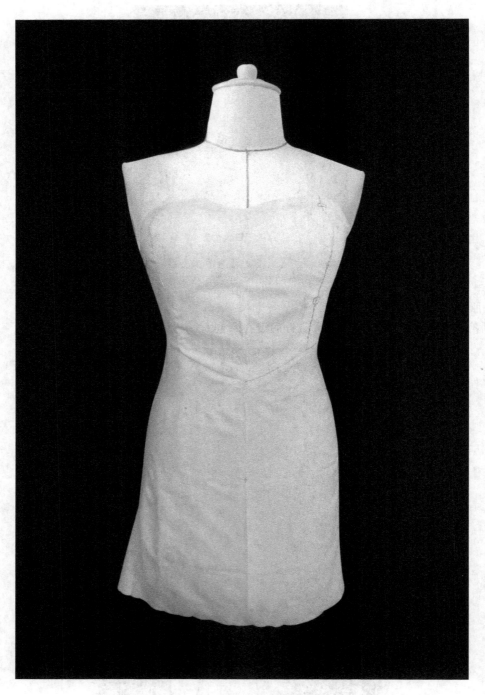

图 5-151　正面效果

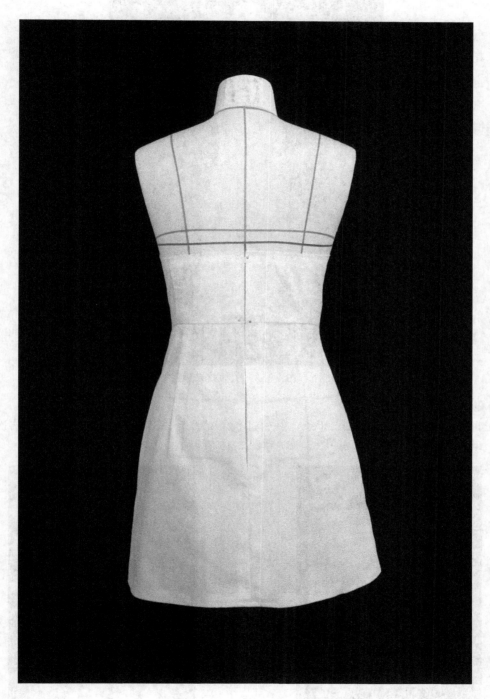

图 5-152　背面效果

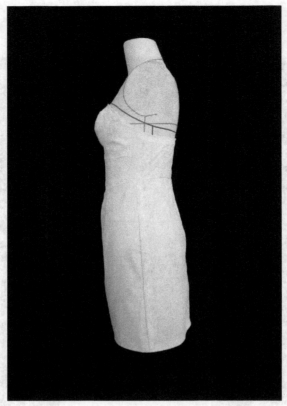

图 5-153　侧面效果

14. 折叠固定

　　先将白坯布量取宽度撕成长布条，然后将布条熨烫折叠出造型，用大头针固定再次熨烫整理，最后用针线固定造型。如图 5-154 和图 5-155 所示。

图 5-154　布条折叠

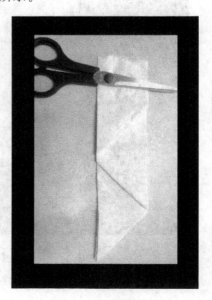

图 5-155　折叠熨烫

15. 装饰元素

　　在礼服底子上贴上造型分割线。如图 5-156 所示。

16. 装饰效果

　　将折叠熨烫好的若干布条沿前中线对应排列，并使用大头针固定在裙子底子上。如图
5-157 所示。

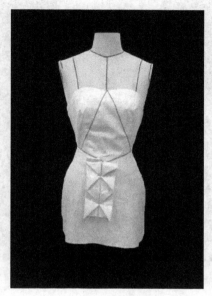

图 5-156　装饰元素

图 5-157　装饰效果

17. 铺上布条

　　将整个裙身铺满布条并固定，然后将下摆多余的布条修剪整齐，缝合下摆。如图 5-158
和图 5-159 所示。

图 5-158　侧面装饰效果

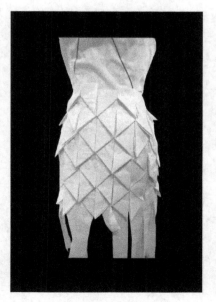

图 5-159　正面装饰效果

18. 裙子后片排列方式与细节（图 5-160 和图 5-161）

图 5-160　装饰特写

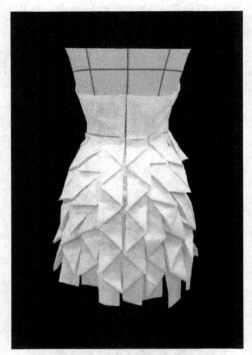

图 5-161　背面装饰效果

19. 固定布条

　　用针线将布条固定在裙子上，形成独一无二的肌理。

20. 布条裁剪及毛边

　　把布片撕成布条，把布条一边抽纱，形成毛绒的样子。如图 5-162 和图 5-163 所示。

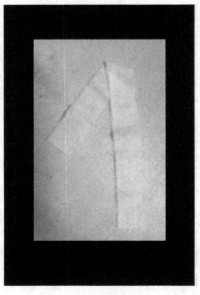

图 5-162　布条裁剪

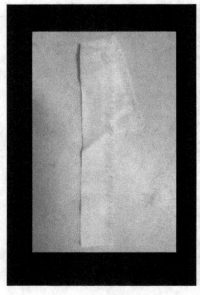

图 5-163　布条毛边

21. 布条贴饰

　　将处理好的布条沿贴条分割线，固定于上衣三角区域。如图 5-164 所示。

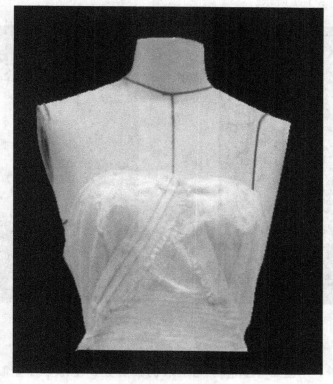

图 5-164　布条贴饰

22. 装饰效果

　　用针线将布条缝合在上衣底子上。如图 5-165 所示。

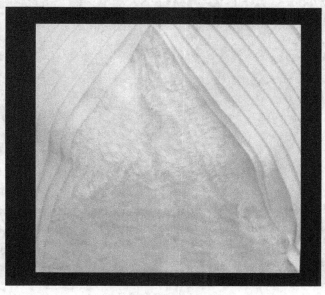

图 5-165　装饰效果

23. 缝合褶裥

　　将两块布熨烫成规律褶裥，缝合于上衣胸部至侧缝，留出分割线以下毛绒肌理的三角区域。如图 5-166 和图 5-167 所示。

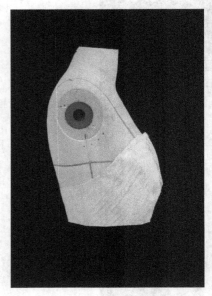

图 5-166　侧面褶裥

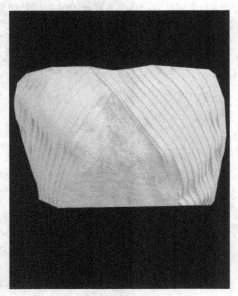

图 5-167　正面褶裥

24. 缝合腰带

　　裁剪熨烫出腰带，用腰带覆盖裙子与上衣的接合处，使得整件礼服更加完美。如图 5-168所示。

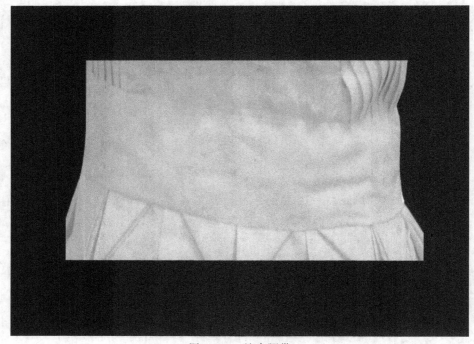

图 5-168　缝合腰带

25. 裙子后中装饰

缝合腰带之后，在礼服背面安装拉链。如图 5-169 所示。

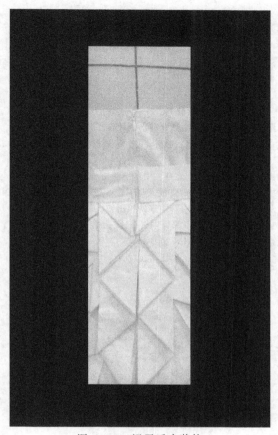

图 5-169　裙子后中装饰

26. 礼服正面、侧面、背面效果图（图 5-170～图 5-172）

图 5-170　礼服正面效果

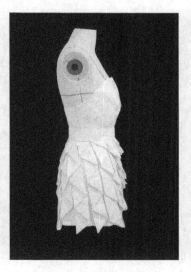

图 5-171　礼服侧面效果

图 5-172　礼服背面效果

参考文献

1. 中华人民共和国国家标准．服装号型．北京：中国标准出版社，1998
2. 吉尔斯卡．国际时尚设计丛书法国服装实用制板技术讲座 法国时装纸样设计 婚纱礼服编．北京：中国纺织出版社，2015
3. 中屋典子．三吉满智子．服装造型学技术篇Ⅲ．北京：中国纺织出版社，2006
4. 丹尼克·春曼·洛．英国服装纸样裁剪设计与技术 成衣与创意作品经典案例．北京：中国纺织出版社，2014
5. 娜塔列．英国经典服装纸样设计（提高篇）．北京：中国纺织出版社，2000
6. 小野喜代司．日本女士成衣制版原理．北京：中国青年出版社．2012
7. 尤珈．意大利立体裁剪．北京：中国纺织出版社，2006
8. 戴建国．服装立体裁剪技术．北京：中国纺织出版社，2012